园林景观植物丛书

新优园林树种

李作文　徐文君　主编

北方联合出版传媒(集团)股份有限公司
辽宁科学技术出版社
·沈　阳·

主　编　李作文　徐文君
副主编　陆庆轩　刘家祯　刘玉华　宋长宽
编　委　李　琳　李晓辉　李雪飞　李万桥　李作武　罗东明　张　岩
冯丽芝　何金光　梁　鹏　向水明　郭云清　范　颖　杨文福
崔建文　张宝君　张德龙　左　志　迟新德　刘柏林　王　冰
才大伟　朱　琳　王　莹　夏　超　陈　岩　魏　旭　张新燕
唐世勇　邢英丽　姜永峰　刘学东

图书在版编目（CIP）数据

新优园林树种 / 李作文，徐文君主编. —沈阳：辽宁科学技术出版社，2013.3
ISBN 978-7-5381-7809-8
（园林景观植物丛书）

Ⅰ.①新…　Ⅱ.①李…②徐…　Ⅲ.①园林树木—图集
Ⅳ.①S68-64

中国版本图书馆 CIP 数据核字（2012）第 311558 号

出版发行：辽宁科学技术出版社
（地址：沈阳市和平区十一纬路29号　邮编：110003）
印 刷 者：沈阳天择彩色广告印刷有限公司
经 销 者：各地新华书店
幅面尺寸：168mm × 236mm
印　　张：13.5
字　　数：200 千字
印　　数：1~3000
出版时间：2013 年 3 月第 1 版
印刷时间：2013 年 3 月第 1 次印刷
责任编辑：寿亚荷　李春艳
装帧设计：郭晓静
责任校对：李桂春

书　　号：ISBN 978-7-5381-7809-8
定　　价：60.00 元

联系电话：024-23284370
邮购热线：024-23284502
E-mail：syh324115@126.com
http：//www.lnkj.com.cn

前　言

如今，建设生态城市，创造良好人居环境，促进城市可持续发展，已成为人们的共识。“生态优先”、“生物多样性”的理念深入人心。园林绿化部门、园林苗圃等单位和个人，通过引种、变异选择和对野生植物的驯化，出现了许多新的、优良的和独具特色的园林植物，为丰富园林景观，营造优良环境发挥着重要作用。

为满足人们对“新优园林树种”的日益渴求，编者根据几十年的园林科研及生产实践经验，并收集大量有关资料，将已在园林上应用或尚在培育扩繁阶段的“新优园林树种”整理成书，其内容包括以下三个方面：

1. 近年来由国外或省外引入的新优树种。

2. 本地育苗者选育、培育扩繁的新优树种。

3. 本地已有少量培育或目前还没有培育的优良乡土树种。

《新优园林树种》论述 200 余种值得培育和推广应用的园林树木，配有 500 余幅彩色图片，对每种树木的形态、生态、分布、栽培和用途进行简要记述，向读者完整系统地展示新优园林树种的种类和应用景观。

为方便使用，本书分为常绿树，落叶乔木，落叶灌木、藤本三部分。每部分按分类学进化系统顺序排列。本书主编单位是沈阳市园林科学研究院，在编印过程中得到了沈阳市弘鑫园林工程有限公司、沈阳美加欧观赏树种研发有限公司、海城绿源花卉研究所（光辉绿源宋氏园林）等单位的大力支持和协助，在此一并表示谢意。

由于编著者水平有限，书中疏漏或不当之处在所难免，敬请读者批评指正。

编著者

2013 年元月

目　录

1. 常绿树

1. 粗榧（粗榧杉、中国粗榧）/2
2. 沙地云杉 /3
3. 蓝粉云杉（绿粉云杉）/4
4. 日本冷杉 /5
5. 乔松 /6
6. 北美乔松（美国五针松、美国白松）/7
7. 金叶桧 /8
8. 万峰桧 /9
9. 黄梢沙地柏 /10
10. 蓝梢沙地柏 /11
11. 粉柏（翠柏）/12
12. 北美香柏（香柏、美国侧柏、金钟柏）/13
13. 小叶黄杨 /14
14. 金叶朝鲜黄杨 /15

2. 落叶乔木

1. 金钱松 /17
2. 金叶小叶杨 /18
3. 全红杨 /19
4. 垂杨 /20
5. 腺柳（河柳）/21
6. 红叶柳（红心柳、红叶腺柳）/22
7. 金枝龙爪柳（怪柳）/23
8. 比利时馒头柳 /24
9. 竹柳 /25
10. 水冬瓜赤阳 /26
11. 垂枝桦（欧洲白桦）/27
12. 槲树 /28
13. 麻栎 /29
14. 辽东栎 /30
15. 蒙古栎 /31
16. 夏橡（英国栎）/32
17. 小叶朴 /33
18. 大叶朴 /34
19. 圆冠榆 /35
20. 大叶垂榆 /36
21. 红叶榆 /37
22. 金叶榆（中华金叶榆）/38
23. 金叶垂榆 /39
24. 裂叶榆 /40
25. 黄榆（大果榆）/41
26. 光叶榉 /42
27. 龙爪桑 /43
28. 白果桑树 /44
29. 玉兰 /45
30. 黄玉兰 /46
31. 紫玉兰（木兰、木笔）/47
32. 星玉兰 /48

33. 日本厚朴 /49
34. 俄罗斯山楂 /50
35. 红花山楂‘桃红’/51
36. 粉花山里红 /52
37.‘亚斯特’海棠 /53
38.‘亚力红果’海棠 /54
39.‘舞美’海棠 /55
40. 湖北海棠（平易甜茶）/56
41. 垂枝海棠 /57
42. 红肉苹果 /58
43. 酸樱桃（欧洲酸樱桃）/59
44. 重瓣山樱桃 /60
45. 山桃稠李 /61
46. 紫叶稠李（加拿大红樱）/62
47. 串枝红杏 /63
48. 孤山杏梅（大杏梅）/64
49. 陕梅杏 /65
50. 辽梅杏 /66
51. 宋春梅 /67
52. 寒梅 /68
53. 红叶李（紫叶李）/69
54. 俄罗斯红叶李 /70
55. 岳寒红叶李 /71
56. 红叶赤果 /72
57. 水榆花楸 /73
58. 欧洲花楸 /74
59. 欧亚花楸 /75
60. 花楸 /76
61. 西伯利亚花楸 /77
62. 豆梨 /78
63. 紫叶合欢 /79
64. 红叶皂角 /80
65. 金叶皂角 /81
66. 金叶刺槐 /82
67. 香花槐 /83
68. 金叶槐 /84
69. 金枝槐 /84
70. 蝴蝶槐（五叶槐）/85
71. 金叶龙爪槐 /86
72. 红叶椿 /86
73. 千头椿（圆头椿）/87
74. 美国红栌 /88
75. 金叶黄栌 /89
76. 裂叶火炬树 /89
77. 金叶桃叶卫矛 /90
78. 短翅卫矛 /91
79. 翅卫矛 /92
80. 自由人槭‘秋火焰’（美国红枫）/93
81. 金叶复叶槭 /94
82. 复叶槭‘火烈鸟’/95
83. 复叶槭‘金花叶’/96
84. 复叶槭‘银花叶’/97
85. 挪威槭 /98
86. 挪威槭‘红国王’/99
87. 元宝槭（五角枫）/100
88. 金叶元宝槭 /101
89. 色木槭（五角枫）/102
90. 茶条槭（三角枫）/103
91. 假色槭（九角枫）/104

92．拧筋槭(三花槭)/105
93．白牛槭/106
94．青楷槭/107
95．花楷槭/108
96．小楷槭/109
97．日本七叶树/110
98．紫花文冠果/111
99．欧洲大叶椴/112
100．欧洲小叶椴(心叶椴)/113
101．金叶椴/114
102．美洲椴/115
103．糠椴/116
104．紫椴/117
105．蒙椴/118
106．乔木柽柳/119
107．灯台树/120
108．四照花/121
109．君迁子/122
110．柿树/123
111．玉玲花/124
112．洋白蜡/125
113．金叶白蜡/126
114．红叶白蜡/127
115．暴马丁香/128
116．‘北京黄’丁香(黄丁香)/129
117．金叶美国梓树/130
118．紫叶美国梓树/131
119．黄金树/132

3. 落叶灌木、藤本

1．彩叶杞柳/134
2．紫叶榛/135
3．花蓼(山荞麦)/136
4．大花铁线莲/137
5．大叶铁线莲/138
6．金叶小檗/139
7．金边紫叶小檗/139
8．紫斑牡丹/140
9．圆锥绣球‘粉眼’/141
10．东陵八仙花/142
11．京山梅花(太平花)/143
12．金叶欧洲山梅花/144
13．光萼溲疏/145
14．李叶溲疏/146
15．黑果腺肋花楸/147
16．日本海棠(倭海棠)/148
17．水栒子(栒子木)/149
18．毛叶水栒子/150
19．金叶风箱果/151
20．紫叶风箱果/152
21．银露梅/153
22．小叶金露梅/154
23．紫叶矮樱/155
24．密枝红叶李/156
25．白花重瓣麦李/157
26．粉花重瓣麦李/158
27．菊花桃/159
28．美人梅/160

29. 垂枝毛樱桃 /161
30. 白果毛樱桃 /161
31. 黄蔷薇 /162
32. 冷香玫瑰 /163
33. 蔓性蔷薇 /164
34. 俄罗斯大果蔷薇 /165
35. 金叶悬钩子
(金叶红莓) /166
36. 齿叶白娟梅
(榆叶白娟梅) /167
37. 灰毛紫穗槐 /168
38. 花木蓝 /169
39. 胡枝子 /170
40. 八角枫 (瓜木) /171
41. 金叶红瑞木 /172
42. 主教红瑞木 /172
43. 金枝梾木 /173
44. 迎红杜鹃 /174
45. 大字杜鹃 /175
46. 淀川杜鹃 /176
47. 红枫杜鹃 /177
48. 杂种杜鹃 /178
49. 蓝莓 /179
50. 金叶连翘 /180
51. 金叶水蜡 /181
52. 紫叶水蜡 /182
53. 红丁香 /183
54. 辽东丁香 /184
55. 金叶欧丁香 /185
56. 金叶小叶丁香 /186
57. 什锦丁香 /187
58. 互叶醉鱼草 (醉鱼木) /188
59. 荆条 /189
60. 海州常山 /190
61. 百里香 /191
62. 猥实 /192
63. 蓝叶忍冬 /193
64. 金叶接骨木 /194
65. 金叶裂叶接骨木 /195
66. 欧洲荚蒾 (欧洲绣球) /196
67. 蝴蝶绣球 (日本绣球) /197
68. 日本锦带花 (杨栌) /198
69. 金叶锦带 /199
70. 紫叶锦带 /200

索 引

参考文献

1 常绿树

1. 粗榧（粗榧杉、中国粗榧） ● 三尖杉科 三尖杉属

Cephalotaxus sinensis (Rehd.et Wils.) Li

形态 常绿小乔木或灌木，高达 10 米。树皮灰色或灰褐色，呈薄片状脱落。叶条形，长 2～4 厘米，先端突尖，基部圆形，背面有 2 条白色气孔带。花期 4 月。种子翌年 10 月成熟。

生态 喜光，也能耐阴，稍耐寒，喜温凉湿润气候及富含有机质土壤，耐修剪，不耐移植。抗虫害能力强。

分布 产我国长江流域及以南地区。北京及辽宁南部有栽培。

栽培 播种、扦插繁殖。

用途 园林观赏树。

2. 沙地云杉 ● 松科 云杉属

Picea mongolica (H.Q.Wu) W.D.Xu

形态 常绿乔木，树冠塔形，呈灰蓝绿色。枝轮生，当年生枝条为淡橙黄色，被有密毛。叶四棱状条形，呈灰绿色，长1.3~3厘米，叶端钝。花期4—5月。球果长圆状椭圆形，长6~10厘米。果期10月。

生态 幼树耐阴性较强，耐寒，耐干旱及贫瘠沙地。对恶劣环境有很强的适宜能力。

分布 产我国内蒙古小腾格里沙地，赤峰市、克什克腾旗、白音敖包山阴坡，分布在海拔1300~1500米冷干环境。内蒙古及辽宁等地有栽培。

栽培 播种繁殖。

用途 为世界上森林草原带稀有珍贵树种，可供沙地造林绿化或城乡绿化。

3. 蓝粉云杉（绿粉云杉）● 松科　云杉属

Picea pungens f. ***glauca*** (Reg.) Beissn. (*P.pungens* 'Glauca')

形态　常绿乔木，高达 30 米。小枝黄褐色，无毛。针叶四棱形，硬而尖，长达 2～3 厘米，近于银白的蓝绿色，在小枝上呈螺旋状排列。球果长 8～10 厘米，球果 9—10 月成熟。

生态　喜光，耐寒，耐干旱，抗空气污染。

分布　原产北美西部山地，在北美及北欧广泛栽作观赏树。我国北京及辽宁等地有引种栽培。

栽培　播种繁殖。

用途　在绿色树木中出现蓝灰色的树种是非常引人注目的。在风景构图中有特殊的作用。

4. 日本冷杉 ● 松科 冷杉属

Abies firma Sieb.et Zucc.

形态 常绿乔木，高可达 30 米，树冠阔圆锥形。小枝具纵沟槽及圆形单叶痕。叶条形，长 2～3.5 厘米，叶端常 2 裂，叶背气孔带不明显，螺旋状着生并两侧展开。花期 4—5 月。球果长 12～15 厘米，苞鳞露出，球果 10 月成熟。

生态 耐阴，较耐寒，不耐烟尘，喜凉爽湿润气候。

分布 原产日本，20 世纪 20 年代引入我国，杭州、南京、庐山、青岛、北京、大连等地有栽培。

栽培 播种繁殖。

用途 为优美庭园观赏树。

5. 乔松 ● 松科 松属

Pinus wallichiana A.B.Jacks. （*P.griffithii* McClelland）

形态 常绿乔木，高可达 60 米。树皮暗灰褐色，裂成小块片脱落。小枝绿色，无毛，微被白粉。针叶 5 针 1 束，细柔而下垂，长 12～20 厘米，蓝绿色。球果圆柱形，下垂，长 15～25 厘米。种子有翅。花期 4—5 月。球果成熟在翌年秋季。

生态 喜光，稍耐阴，耐干旱，较耐寒，喜温暖湿润气候。

分布 产我国西藏南部及云南西北部，海拔 1600～3300 米山地。北京植物园有引种，辽宁盖县等地有栽培。

栽培 播种繁殖。

用途 园林绿化树种或造林树种。

6. 北美乔松（美国五针松、美国白松）● 松科　松属

Prunus strobus L.

形态　常绿乔木，高达 20～50 米，树冠阔圆头状，树皮带紫色，深裂。小枝绿褐色，无白粉。针叶 5 针 1 束，细而柔软，长 7～14 厘米，不下垂。球果长 8～12 厘米。种子有长翅。

生态　喜光，稍耐阴，较耐寒，抗污染能力较差。

分布　产美国东部及加拿大东南部。我国南京、北京、大连、盖县、清原等地有栽培。

栽培　播种繁殖。

用途　宜作庭院绿化及观赏树种。

7. 金叶桧 ● 柏科 圆柏属

***Sabina chinensis* ‘Aurea’**

形态 直立常绿灌木，宽塔形，高 3～5 米。小枝具刺叶和鳞叶，刺叶中脉及叶缘黄绿色，嫩枝端的鳞叶金黄色。

生态 喜光，幼树稍耐阴，较耐寒，耐干旱、瘠薄，也较耐湿。

分布 产我国北部和中部。东北南部以南地区广为栽培。

栽培 扦插繁殖。

用途 庭园观赏树。

8. 万峰桧 ● 柏科 圆柏属

***Sabina chinensis* ‘Wanfengui’**

形态 常绿灌木，树冠近球形。树冠外围着生刺叶的小枝直立向上，呈无数峰状。

生态 喜光，幼树稍耐阴，耐寒，耐干旱、瘠薄。

分布 我国辽宁以南各地常有栽培。

栽培 扦插繁殖。

用途 庭园观赏树。

9. 黄梢沙地柏 ● 柏科 刺柏属

***Juniperus media* ‘Pfitzeriana Aurea’**

形态 常绿匍匐灌木，株高达30～60厘米。生长季节枝梢叶呈黄色，秋季霜后略带褐色。

生态 喜光，稍耐阴，较耐寒，极耐旱。

分布 产西欧。我国北京园林科研所引进。

栽培 扦插繁殖。

用途 园林绿化中地被、护坡及固沙树种，也可整形或作绿篱。

10. 蓝梢沙地柏 ● 柏科 刺柏属

Juniperus virginiana **'Greyowl'**

形态 常绿匍匐灌木，株高达30～60厘米。生长季节枝梢叶呈蓝绿色，秋季霜后略带褐色。

生态 喜光，稍耐阴，较耐寒，极耐旱。

分布 产西欧。我国北京园林科研所引进。

栽培 扦插繁殖。

用途 园林绿化中地被、护坡及固沙树种，也可整形或作绿篱。

11. 粉柏（翠柏） ● 柏科 圆柏属

***Sabina squamata* ‘Meyeri’**

形态 常绿灌木，分枝硬直而开展。刺叶 3 枚轮生，长 0.6～1 厘米，叶两面被白粉，呈翠蓝色。

生态 喜光，稍耐阴，较耐寒，忌低湿，喜石灰质肥沃土壤。

分布 我国黄河流域至长江流域各地常栽培，辽宁沈阳以南有栽培。

栽培 嫁接繁殖（侧柏为砧木）。

用途 庭园观赏树或盆栽。

12. 北美香柏（香柏、美国侧柏、金钟柏）● 柏科 崖柏属

Thuja occidentalis L.

形态 常绿乔木，高达15～20米，干皮红褐色。大枝平展，小枝片扭旋近水平或斜向排列。上面叶暗绿色，下面叶灰绿色。鳞叶先端突尖，中间鳞叶具发香的油腺点。球果长卵形。种子扁平，周围有窄翅。

生态 喜光，稍耐阴，较耐寒，不择土壤，能生长于潮湿的碱性土壤。

分布 产北美东部。我国南京、庐山、青岛、北京、辽宁南部及沈阳有栽培。

栽培 播种或扦插繁殖。

用途 庭园观赏树。

13. 小叶黄杨 ● 黄杨科 黄杨属

Buxus microphylla Sieb. et Zucc.

形态 常绿灌木，高 1 米左右。小枝方形，有窄翅。叶狭倒卵形至倒披针形，长 1～2.5 厘米。花多簇生于枝端。

生态 喜光，稍耐阴，较耐寒，喜温湿气候及湿润肥沃土壤。

分布 产日本。我国北京及辽宁等地有栽培。

栽培 播种或扦插繁殖。

用途 北方少有的常绿阔叶树之一，常作绿篱、整形树或模纹树种。

14. 金叶朝鲜黄杨 ● 黄杨科 黄杨属

Buxus microphylla var. ***koreana* ‘Aurea’**

形态 常绿灌木，高约60厘米。分枝紧密，小枝方形。叶较小，倒卵形至椭圆形；嫩叶黄色，后渐变黄绿色，秋叶红褐色。叶缘反卷，革质。

生态 喜光，稍耐阴，较耐寒。

分布 我国辽宁沈阳地区近期选育出的新品种。

栽培 扦插繁殖。

用途 造园用色叶树新品种。

落叶乔木

1. 金钱松 ● 松科 金钱松属

Pseudolarix amabilis (Nels.) Rehd. (*P.kaempferi* Gord.)

形态 乔木，高达40米，树冠阔圆锥形，树皮赤褐色。有明显的长短枝。叶条形，扁平，长3～7厘米，柔软而鲜绿，在长枝上螺旋状排列，在短枝上轮状簇生，入秋变黄如金钱。雄球花簇生，雌球花单生于短枝顶部。花期4—5月。球果10—11月成熟。

生态 喜光，幼树稍耐阴，稍耐寒，不耐干旱也不耐积水，喜温凉湿润气候和深厚肥沃土壤。

分布 产我国长江中下游一带。北京及辽宁熊岳有栽培。

栽培 播种繁殖。

用途 为世界珍贵的庭院观赏树之一，可孤植或丛植。

2. 金叶小叶杨 ● 杨柳科 杨属

***Populus simonii* ‘Chrysophyllus’**

乔木。树冠广卵形。叶菱状卵形至菱状倒卵形，叶柄圆形，幼叶金黄色，后渐变成黄绿色。近期我国沈阳地区选育出的新品种。扦插繁殖。

3. 全红杨 ● 杨柳科 杨属

Populus sp.

形态 乔木。生长季节叶子呈现不同色彩，展叶初期叶为黑紫红色，夏季为富贵红色，秋季为中国红色。叶色亮丽，有光泽。

生态 喜光，耐寒（能耐 −30℃低温），耐干旱，耐盐碱，抗病虫害能力强。

分布 本品种为我国北京 2006 年选育出的新品种色叶树，适于黄河流域、长江流域及辽宁南部等地区栽培。

栽培 扦插或嫁接繁殖。

用途 行道树、风景林树种。

4. 垂杨 ● 杨柳科 杨属

Populus cathayana **'Pendula'**

形态 小乔木，枝条下垂，枝叶均无毛。叶卵形或卵状椭圆形，长5～10厘米，叶缘有细锯齿，背面绿白色。

生态 喜光，稍耐阴，耐寒，耐干旱，喜温凉湿润气候。

分布 我国河南、河北及沈阳、哈尔滨等地有栽培。

栽培 嫁接繁殖。

用途 庭园观赏树。

5. 腺柳（河柳） ● 杨柳科 柳属

Salix chaenomeloides Kimura

形态 乔木，小枝红褐色或褐色，无毛。叶长椭圆形至长圆披针形，长3～10厘米，叶缘有具腺的内曲细尖齿，背面苍白色；托叶大，叶柄端有腺体，嫩叶常发紫红色。花期4月。果期5月。

生态 喜光，耐寒，喜水湿，多生于溪边沟旁。

分布 产我国河北、山西、山东及河南等省，华东、华中有分布，辽宁丹东、沈阳等地有栽培。

栽培 扦插繁殖。

用途 绿化造园或防护林树种。

6. 红叶柳（红心柳、红叶腺柳） ● 杨柳科 柳属

Salix chaenomeloides **'Red'**

形态 小乔木，小枝红褐色，有光泽。叶椭圆形、卵圆形或椭圆状披针形，长 4～8 厘米，先端渐尖，基部楔形，两面无毛，具腺齿。生长季节顶端新叶始终为亮红色。树干 3 米处截干后形成像馒头柳一样的树冠，生长期外围像个亮红的球状，十分鲜艳。

生态 喜光，耐寒，抗旱，耐湿，抗病虫害，适应性强。

分布 我国河北、河南、辽宁等地有栽培。

栽培 扦插繁殖。

用途 观赏色叶树种。

7. 金枝龙爪柳（怪柳） ● 杨柳科　柳属

***Salix matsudana* ‘Aureotortuosa’**

本品种为龙爪柳栽培变种，与龙爪柳主要区别为枝条呈黄色或橙红色，且耐寒、耐盐碱。其他同龙爪柳，现北京、辽宁等地有栽培。

8. 比利时馒头柳 ● 杨柳科 柳属

Salix sp.

形态 乔木。树冠半圆球形，状如馒头。分枝密，端梢齐整。冬季枝条呈橙红色。

生态 喜光，耐寒，耐干旱、瘠薄。

分布 吉林、辽宁等地有栽培。

栽培 嫁接繁殖。

应用 冬季观赏景观树种。

9. 竹柳 ● 杨柳科 柳属

***Salix* ‘Zhuliou’**

形态 乔木。树冠塔形。树干通直，轮纹似竹。高可达 20 余米。速生，不飞絮。

生态 喜光，耐寒，耐干旱、瘠薄，也耐水湿。

分布 本品种是美国采用美国寒柳、朝鲜柳、筐柳、毛竹的基因组合杂交选育出的优良树种群体，其中又包含有不同品种，如竹柳 5 号（红皮）能耐 −37.27℃低温，竹柳 3 号（绿皮）能耐 −31.6℃低温。现我国华北及东北地区有栽培。

栽培 扦插繁殖。

用途 行道树、农田防护林、护堤林等。

10. 水冬瓜赤阳 ● 桦木科 赤阳属

Alnus sibirica Fisch.

形态 乔木，高 5～15 米，有时丛生状。树皮光滑。叶近圆形、宽卵形或椭圆状卵形，长 3.5～14 厘米。

生态 喜光，耐寒，常生于水湿地、溪流及河两岸。

分布 产我国东北、内蒙古及山东等地。

栽培 播种繁殖。

用途 岸边、湖边绿化树种。

11. 垂枝桦（欧洲白桦） ● 桦木科 桦木属

Betula pendula Roth.

形态 乔木，高达 25 米。树皮灰白或淡黄褐色。枝常下垂，红褐色，有多疣点。叶卵形有锯齿，亮绿色，秋叶变金黄色。

生态 喜光，耐寒，喜湿润，也耐干旱、瘠薄。

分布 产欧洲及小亚细亚一带，我国新疆北部有分布。东北等地有栽培。

栽培 播种繁殖。

用途 造园树种。

12. 槲树 ● 壳斗科 栎属

Quercus dentate Thunb.

形态 乔木，高 25 米。树冠椭圆形，小枝粗壮，密生黄褐色绒毛。叶倒卵形，长 15～25 厘米，叶缘具波状裂片，叶柄甚短，0.2～0.5 厘米，密生毛。花期 5 月。果期 10 月。

生态 喜光，稍耐阴，耐寒，耐旱。能抗烟尘及有害气体。

分布 产我国东北南部及东部、华北至长江流域。朝鲜、日本有分布。

栽培 播种繁殖。

用途 庭荫树。

13. 麻栎 ● 壳斗科 栎属

Quercus acutissima Carr.

形态 乔木，高 20 米，胸径 1 米。叶长椭圆状披针形，长 9～16 厘米，叶缘具芒状锯齿，壳斗鳞片锥形。花期 4—5 月。果期翌年 9—10 月。

生态 喜光，不耐阴，耐干旱、瘠薄，不耐水涝，喜湿润、深厚肥沃土壤。

分布 产我国长江流域及黄河中下游，辽宁南部有分布。

栽培 播种繁殖。

用途 庭园树。

14. 辽东栎 ● 壳斗科 栎属

Quercus liaotungensis Koidz.

形态 乔木，高 15 米。叶长倒卵形，长 5～14 厘米，叶缘有波状疏齿，侧脉 5～7 对。壳斗鳞片扁平，不突起。花期 5 月。果期 10 月。

生态 喜光，耐干旱、瘠薄，耐寒性强，喜凉爽气候，多生于向阳山坡。

分布 产我国东北至黄河流域，长春、沈阳等地有栽培。朝鲜有分布。

栽培 播种或分蘖繁殖。

用途 庭荫树或行道树，也是厂区绿化树种。

15. 蒙古栎 ● 壳斗科 栎属

Quercus mongolica Fisch.

形态 乔木，高 30 米。叶倒卵形，长 7～12 厘米，叶缘具深波状缺刻，侧脉 8～15 对。壳斗鳞片呈瘤状。花期 5 月。果期 10 月。

生态 喜光，极耐寒，喜凉爽气候，耐干旱、瘠薄，多生于向阳山坡。

分布 产我国东北、西北、华北等地区，哈尔滨、长春、沈阳等地有栽培。朝鲜、日本、蒙古及俄罗斯有分布。

栽培 播种或分蘖繁殖。

用途 庭荫树或行道树，又是厂区绿化树种。

16. 夏橡（英国栎） ● 壳斗科 栎属

Quercus robur L.

形态 乔木，高 40 米。小枝无毛。叶倒卵形或倒卵状长椭圆形，长 6～20 厘米，叶缘有 4～7 对圆钝大齿。壳斗钟形包于果基部约 1/5。花期 5 月。果期 10 月。

生态 喜光，耐寒，喜深厚、湿润和排水良好土壤。

分布 产欧洲、北非及亚洲西南部。我国新疆伊犁、塔城、乌鲁木齐及北京、大连、沈阳等地有栽培。

栽培 播种繁殖。

用途 庭荫树或行道树，也是厂区绿化树种。

17. 小叶朴 ● 榆科　朴树属

Celtis bungeana Bl.

形态　乔木，高 20 米。树冠倒广卵形至扁球形，树皮灰褐色，平滑。叶斜卵形或卵状披针形，长 4～8 厘米，3 主脉明显，两面无毛。花期 5 月。核果近球形，熟时紫黑色，果期 10 月。

生态　喜光，稍耐阴，耐寒，喜深厚、湿润的中性黏质土壤。深根性，萌蘖力强。

分布　产我国东北南部、华北、长江流域至西南和西北地区，沈阳、鞍山、大连等地有栽培。朝鲜有分布。

栽培　播种繁殖。生长较慢，寿命长。

用途　庭荫树、行道树及厂区绿化树种。

18. 大叶朴 ● 榆科 朴树属

Celtis koraiensis Nakai

形态 乔木，高 15 米。当年生枝红褐色。叶广椭圆形或广倒卵形，先端截形或圆形，有尾状尖头。核果球形，暗黄色，果期 10 月。

生态 喜光，耐寒，较耐干旱、瘠薄，喜生向阳山坡及岩石间杂木林中。

分布 产我国东北、华北、西北各地。朝鲜有分布。

栽培 播种繁殖。

用途 观赏树种，可作庭荫树或行道树。

19. 圆冠榆 ● 榆科 榆属

Ulmus densa Litvin.

形态 乔木，树冠圆球形。枝条直伸至斜展，2年生或3年生枝常被蜡粉。叶卵形，长4~9厘米，先端渐尖，基部多少偏斜，一边楔形，一边耳状。翅果矩圆形，无毛。

生态 喜光，耐寒，耐干旱、瘠薄，适应性强。

分布 产俄罗斯。我国新疆多栽培，沈阳、长春也有栽培。

栽培 嫁接繁殖。

用途 行道树及庭园观赏树。

20. 大叶垂榆 ● 榆科 榆属

Ulmus americana **‘Pendula’**

形态 本种为美国榆栽培变种，枝条下垂，叶卵状椭圆形，长 5～15 厘米，重锯齿。

生态 喜光，耐寒，耐干旱，耐瘠薄。

分布 河北及辽宁等地有栽培。其他同原种。

栽培 嫁接繁殖。

用途 观赏价值较高，可作庭园观赏树。

21. 红叶榆 ● 榆科 榆属

Ulmus rubra Muhlenb.

形态 乔木。叶卵形至倒卵形，基部偏斜，叶缘重锯齿；叶面暗绿色，近光滑，有光泽；幼叶红褐色，秋季叶变橙褐色。

生态 喜光，耐寒，喜土层深厚、湿润的沙壤土。

分布 产美国。我国北京、沈阳等地有栽培。

栽培 播种或扦插、嫁接繁殖。

用途 行道树或庭荫树。

22. 金叶榆（中华金叶榆） ● 榆科 榆属

***Ulmus pumila* ‘Jinye’**

形态 乔木。叶金黄色，阳光越足，色彩越鲜艳。

生态 喜光，耐寒，适应性强，耐干旱、瘠薄，耐盐碱。

分布 本品种系河北林业科学院选育。现我国北方许多地区有栽培。

栽培 扦插或嫁接繁殖。

用途 庭园树或行道树。

23. 金叶垂榆 ● 榆科 榆属

***Ulmus pumila* 'Jinyechuiyu'**

乔木。枝条下垂，叶子金黄色。阳光越足，色彩越鲜艳。本品种系辽宁开原地区选育出。嫁接繁殖。其他同金叶榆。

24. 裂叶榆 ● 榆科 榆属

Ulmus laciniata （Trantz.） Mayr

形态 乔木，高 25 米，胸径 50 厘米。叶倒卵形或卵状椭圆形，长 6～18 厘米，叶先端 3～7 裂，叶面粗糙，翅果椭圆形或长圆状椭圆形，长 1～2 厘米。花果期均在 4—5 月。

生态 喜光，稍耐阴，较耐干旱、瘠薄，多生于湿润的山谷、平地或杂木林内。

分布 产我国东北、华北及内蒙古等地区，长春、沈阳及新疆等地有栽培。朝鲜、日本、俄罗斯有分布。

栽培 播种繁殖。

用途 庭荫树及观赏树。

25. 黄榆（大果榆） ● 榆科 榆属

Ulmus macrocarpa Hance

形态 乔木，高 20 米，树冠扁球形。叶广倒卵形、倒卵形或倒卵状长圆形，长 5～9 厘米，叶两面被短硬毛，粗糙。翅果大，径 2.5～3.5 厘米。花期和果期均在 4—5 月。

生态 喜光，耐寒，耐旱，稍耐盐碱。山麓、阳坡、平原都能生长。

分布 产我国东北、华北、西北、华东和华中各地区，新疆、辽宁等地有栽培。朝鲜、蒙古、俄罗斯有分布。

栽培 播种繁殖。

用途 庭荫树及北方秋色叶树种之一，点缀山林颇美观。

26. 光叶榉 ● 榆科 榉树属

Zelkova serrata (Thunb.) Makino

形态 乔木，高达30米。树冠倒卵状伞形，树皮深灰色。叶长圆状卵形或卵状披针形，长3～5厘米。花单性同株，花期4月。坚果斜卵形或歪球形，果期5月。

生态 喜光，有一定耐寒性，喜温暖、湿润气候及肥沃土壤。忌积水地，也不耐干旱。

分布 产我国华中、华东及西南等地，北京及辽宁南部等地有栽培。朝鲜、日本也有分布。

栽培 播种繁殖。

用途 庭园观赏树。

27. 龙爪桑 ● 桑科 桑属

***Morus alba* ‘Tortuosa’**

形态 小乔木，高 2～3 米。树冠伞形，枝条弓字形扭曲。

生态 喜光，耐寒，耐干旱，耐瘠薄。

分布 我国华北及辽宁地区有栽培。

栽培 嫁接繁殖。

用途 庭园观赏树。

28. 白果桑树 ● 桑科 桑属

***Morus alba* 'Leucocarpa'**

乔木。果实（桑葚）熟时由绿变为白色。其他同桑树。辽宁熊岳等地有栽培。

29. 玉兰 ● 木兰科 木兰属

Magnolia denudata Desr.

形态 乔木，高 15 米。树冠卵形或近球形。叶倒卵状长椭圆形，长 8～18 厘米。花大，花径 12～15 厘米，纯白色，芳香，花萼与花瓣相似，共 9 片，花期 4 月，先叶开放。果期 9—10 月。

生态 喜光，喜温暖气候，稍耐阴，较耐寒，较耐干旱，喜肥沃、湿润而排水良好的土壤。

分布 产我国中部，现国内外庭园常见栽培。北京、大连、丹东、鞍山、沈阳等地有栽培，沈阳以北地区很难露地越冬。

栽培 播种、压条或嫁接繁殖。

用途 庭园观赏树。

30. 黄玉兰 ● 木兰科 木兰属

***Magnolia denudata* ‘Feihuang’**

为玉兰的芽变品种，花先叶开放，花色淡黄至金黄，花期 4 月下旬至 5 月初。其他同原种。

31. 紫玉兰（木兰、木笔） ● 木兰科 木兰属

Magnolia liliflora Desr.

形态 小乔木，高 3 米。小枝褐紫色或绿紫色。叶椭圆状倒卵形或倒卵形，长 8～18 厘米。花叶同放，花梗长约 1 厘米，被长柔毛；花被 9 片，花外面紫色或紫红色，内面带白色，花期 3～4 月。聚合果圆柱形，长 7～10 厘米，淡褐色，果期 8—9 月。

生态 喜光，幼树稍耐阴，稍耐寒，喜肥沃湿润而排水良好的土壤。

分布 产湖北、四川、云南及长江流域、辽宁南部及华北等地有栽培。

栽培 嫁接、分株或压条繁殖。

用途 庭园观赏树。

32. 星玉兰 ● 木兰科 木兰属

Magnolia stellata Maxim.

形态 小乔木，高 6 米。树冠广卵形。叶互生，倒卵形至长椭圆形，长 4～10 厘米。花先叶开放，有香气，直径 8～10 厘米；花被片 9～18 片或更多，白色至不均匀淡堇红色，花期 4 月。果成熟后开裂，露出红色种皮，果期 9—10 月。

生态 喜光，稍耐寒，宜栽于深厚肥沃、排水良好的微酸性土壤中。

分布 产日本。我国南京、青岛、西安、大连等地有栽培。

栽培 嫁接繁殖。

用途 庭园观赏树。

33. 日本厚朴 ● 木兰科 木兰属

Magnolia obovata Thunb.

形态 乔木，高 30 米。小枝紫色。叶倒卵形，长 20～40 厘米。花白色，杯状，芳香，倒卵形，外轮 3 片红褐色，内 2 轮乳黄色；花后叶开放，花期 6—7 月。果期 9—10 月。

生态 喜光，稍耐寒，喜温凉、湿润气候及排水良好的酸性土壤。

分布 产日本北海道。我国青岛、北京、大连、丹东、熊岳等地有栽培。

栽培 播种繁殖。生长较快，4—5 年即可开花。

用途 庭园观赏树种。花大美丽，为名贵园林绿化树种。

34. 俄罗斯山楂 ● 蔷薇科 山楂属

Crataegus ambigua C. A. Mey

形态 小乔木，小枝粗壮，幼枝密被柔毛。叶宽卵形，叶被灰白色柔毛，单叶互生。复伞房花序，花白色，花期5—6月。果球形，成熟黑色，果期8—9月。

生态 喜光，耐寒，耐旱，喜排水良好的土壤。

分布 产俄罗斯。我国北京、沈阳等地有栽培。

栽培 播种或嫁接繁殖。

用途 庭园观赏树。

35. 红花山楂‘桃红’ ● 蔷薇科 山楂属

***Crataegus laevigata*‘Pauls Scarler’**

形态 小乔木，小枝微垂。叶暗绿色，秋季呈灿烂的橙黄色。花亮粉色，重瓣，晚春开花。果红色，繁多。

生态 喜光，也能耐阴，稍耐寒，抗风性强。

分布 本种由欧洲引入。我国北京、辽南等地有栽培。

栽培 播种繁殖。

用途 庭园观赏树。

36. 粉花山里红 ● 蔷薇科 山楂属

***Crataegus pinnatifida* ‘Fuenhua’**

小乔木。唯花开为粉红色，辽宁等地有栽培。其他同山里红。

37.‘亚斯特’海棠 ● 蔷薇科 苹果属

***Malus* ‘Ester’**

形态 小乔木，高 5～7 米。枝条紫红色；叶深绿色。花粉红色，芳香，花序紧密，花期 4—5 月。果球形，亮红色，秋季变橙红色，冬季果仍不落，可观赏到翌年春季。

生态 喜光，耐寒，耐旱，适应性强。

分布 产北美。我国辽宁等地有栽培。

栽培 嫁接繁殖。

用途 庭园观赏树。

38.‘亚力红果’海棠 ● 蔷薇科　苹果属

***Malus* ‘Red ally’**

形态　小乔木，高 7～10 米。树冠伞形。新叶紫红色。花深粉色，花期 4—5 月。果亮红色，可观赏至冬季。

生态　喜光，耐寒，耐旱，适应性强。

分布　产北美。我国辽宁、吉林等地有栽培。

栽培　嫁接繁殖。

用途　庭园观赏树。

39.‘舞美’海棠 ● 蔷薇科 苹果属

***Malus domestica* ‘Wumei’**

形态 小乔木，树为独干型。幼叶红色或绛红色。花多、艳丽，伞房花序，花冠胭脂红色。幼果紫红色，围满树干。花期 5 月。果实 9 月成熟。

生态 喜光，耐寒，较耐旱，耐盐碱。

分布 产英国。1990 年引入我国，华北及沈阳、鞍山、大连等地有栽培。

栽培 嫁接繁殖。

用途 庭园观赏树。

40. 湖北海棠（平易甜茶） ● 蔷薇科 苹果属

Malus hupehensis (Panlp.) Rehd.

形态 小乔木，高 7～8 米。枝叶茂密，老枝紫色至紫褐色。叶片卵圆形至椭圆形，长 5～10 厘米，嫩叶紫红色。伞形花序，有 4～6 朵花，花粉红色至近白色，花期 4—5 月。果实近球形至椭圆形，径约 1 厘米，黄绿色稍带红晕，果期 8—9 月。

生态 喜光，较耐寒，耐湿涝，耐黏重土壤。

分布 产我国湖北省，华北及辽宁南部等地有栽培。

栽培 播种或扦插繁殖。

用途 宜庭园观赏。

41. 垂枝海棠 ● 蔷薇科　苹果属

Malus sp.

小乔木，为观赏海棠一品种。枝条下垂。花白至浅粉色。果红色。北京及辽宁等地有栽培。

42. 红肉苹果 ● 蔷薇科 苹果属

Malus pumila var. ***niedzwetzkyana***（Dieck）Schneid.

形态 小乔木，春季所发新叶全部为紫红色，花红色至紫红色，果小，直径3厘米以下。

生态 喜光，耐寒，耐旱。

分布 辽宁、吉林等地有栽培。

栽培 嫁接繁殖。

用途 庭园观赏树，是观叶、观花、观果均可的优良树种。

43. 酸樱桃（欧洲酸樱桃） ● 蔷薇科 李属

Prunus cerasus Ledeb.

形态 小乔木，高 10 米。树冠圆球形，常具开张和下垂枝条，有时自根孽生枝条而呈灌木状。树皮暗褐色，有横生皮孔，呈片状剥落。叶椭圆状倒卵形，长 5～8 厘米，叶边有细密重锯齿，基部楔形，常 2～4 腺体。花径约 2.5 厘米，花与叶同时开放，花期 4—5 月。果实扁球形，顶端有隙，味酸，果期 6—7 月。

生态 喜光，较耐寒，喜湿润气候及肥沃、排水良好的土壤。

分布 产欧洲东南部和亚洲西南部。我国辽宁、河北、江苏等地有栽培。

栽培 嫁接或扦插繁殖。

用途 庭园观赏树。

44. 重瓣山樱桃 ● 蔷薇科 李属

Prunus verecunda var. ***plena*** Z.W.Li et J.Z.He

花重瓣或半重瓣。我国辽宁抚顺山区新发现的变种。其他同原种。

45. 山桃稠李 ● 蔷薇科 李属

Prunus maackii Rupr.

形态 乔木，高达10米。树皮黄褐色，光亮，片状剥落。叶倒卵状长圆形或卵状椭圆形，长5～10厘米，先端渐尖，基部圆形或阔楔形，边缘有细锯齿，叶背散生腺毛，在叶基处有两个腺点。总状花序，花白色，长3～5厘米，径约1厘米，花期5月。核果球形，黑色，果期7月。

生态 喜光，稍耐阴，耐寒性强，喜湿润土壤。常生于林内、林缘或河岸等处。

分布 产我国东北、华北、西北。朝鲜有分布。

栽培 播种或扦插繁殖。

用途 庭园观赏树及蜜源植物。

46. 紫叶稠李（加拿大红樱） ● 蔷薇科　李属

Prunus virginiana **'Canada Red'**

形态　小乔木，高达 7 米。小枝褐色；叶卵状长椭圆形至倒卵形，长 5～14 厘米，先端渐尖，新叶绿色，后变紫色。花白色，成下垂的总状花序，花期 4—5 月。果红色，后变紫黑色。

生态　喜光，稍耐阴，耐寒，喜肥沃、湿润、排水良好的土壤。

分布　由北美引入。我国北京及辽宁、吉林、黑龙江等地有栽培。

栽培　扦插或嫁接繁殖。

用途　庭园观赏树，是北方地区少有的色叶乔木。

47. 串枝红杏 ● 蔷薇科 李属

***Prunus armeniaca* 'Chuanzhihong'**

形态 小乔木，树姿开张，树势强健。花粉红色，花期5月。果实卵圆形，果橙黄色，阳面紫红色，7月初果成熟。

生态 喜光，较耐寒，耐旱，耐瘠薄。

分布 嫁接繁殖。

栽培 产我国河北，辽宁南部有栽培。

用途 庭园观赏树。

48. 孤山杏梅 （大杏梅） ● 蔷薇科 李属

***Prunus armeniaca* ‘Gushanxingmei’**

形态 小乔木，树体高大，树姿开展。花粉红色，花期 5 月。果实侧扁圆形，果顶平微凹，果金黄色，阳面粉红，有红色斑点，果肉致密，味甜稍酸，有香气。

生态 喜光，较耐寒，耐旱，抗病性强。

分布 本种由我国辽宁丹东东港地区选育出，辽宁鞍山以南有栽培。

栽培 嫁接繁殖。

用途 观赏果树。

49. 陕梅杏 ● 蔷薇科 李属

Prunus armeniaca **'Plena'**

形态 小乔木，叶近圆形或广卵形。高 2～5 米。花重瓣，淡粉红色似梅花。花期 4 月。

生态 喜光，耐寒，耐旱。

分布 产我国陕西省关中地区，华北及辽宁中南部等地有栽培。

栽培 嫁接繁殖。

用途 庭园观赏树。

50. 辽梅杏 ● 蔷薇科 李属

***Prunus sibirica* 'Pleniflora'**

形态 小乔木，高 2～5 米。小枝淡红褐色或灰色。叶卵形或近圆形，长 4～7 厘米，先端长渐尖，边缘有细锯齿。花单生，花径 1.5～2 厘米，花瓣粉红色，重瓣，颇似梅花，花期 5 月。果期 7—8 月。

生态 喜光，耐寒，耐干旱、瘠薄。能适应空气干燥，常生于固定沙丘上或丘陵灌丛中。

分布 产辽宁西部山区及熊岳。沈阳、鞍山等地有栽培。

栽培 嫁接繁殖。

用途 观赏价值高，可孤植或丛植于庭园、阶前、墙角、路边，在山坡上、林缘或公园内可片植，效果颇佳。

51. 宋春梅 ● 蔷薇科 李属

Prunus mume × P.armeniaca

形态 小乔木。花粉红色，重瓣，花瓣 15，花径 3～4.5 厘米，4 月末开花。

生态 喜光，稍耐寒，较耐旱。

分布 河北及辽宁沈阳以南地区有栽培。

栽培 嫁接繁殖。

用途 庭园观赏树。

52. 寒梅 ● 蔷薇科 李属

Prunus sibirica **'Hanme'**

形态 小乔木，树势强健。花红色，单瓣，花期 4 月。果同山杏不能食用。

生态 喜光，较耐寒，耐干旱。

分布 本种由辽宁果树研究所选育出，辽宁、吉林等地有栽培。

栽培 嫁接繁殖。

用途 庭园观赏树。

53. 红叶李（紫叶李） ● 蔷薇科 李属

***Prunus cerasifera* 'Pissardii'**

形态 小乔木，高 8 米。叶椭圆形或卵形，长 5 厘米以上，先端急尖，基部广楔形或圆形，叶缘有锯齿，叶为紫红色，叶背沿中脉有短柔毛。花单生或 2～3 朵簇生，浅粉红色，花期 4 月。果期 7—8 月。

生态 喜光，稍耐寒，喜温暖、湿润气候及肥沃、排水良好的土壤。

分布 产亚洲西南部。我国山西、河北、河南及北京、辽宁南部地区有栽培。

栽培 嫁接繁殖。

用途 庭园观赏树。

54. 俄罗斯红叶李 ● 蔷薇科 李属

Prunus domestica **'Atropurpurea'**

形态 小乔木。新叶鲜红色，老叶及树干深红色，阴处的老叶绿色。花粉白色，花期 5 月。果实卵形红色，味涩不能食用。

生态 喜光，耐寒，耐干旱，抗逆性强。

分布 产俄罗斯。我国东北、西北地区有栽培。

栽培 嫁接繁殖，生长健壮，耐修剪。

用途 绿化用色叶树种。

55. 岳寒红叶李 ● 蔷薇科 李属

Prunus salicina **'Atropurpurea'**

形态 小乔木，树冠圆形，树姿开张。枝条密集，枝红褐色，新梢及幼叶鲜红色。成熟叶正面红色，背面紫红色。花浅粉色，花期4月末。成熟果实紫红色，果肉红色，果熟期8月末。

生态 喜光，较耐寒，耐旱，抗逆性强。

分布 本种为辽宁果树研究所选育出的色叶树种。辽宁沈阳以南地区有栽培。

栽培 嫁接繁殖。

用途 绿化用色叶树种。

56. 红叶赤果 ● 蔷薇科 李属

***Prunus* ‘Redfire’**

形态 小乔木，高 3～4 米，树干挺直。分枝能力强，枝叶繁茂，新叶亮红色，后逐渐变成紫红色。花浅粉色，花期 4—5 月。果实红色。

生态 喜光，极耐寒（能耐 −40℃低温），耐旱，适应性强。

分布 产西伯利亚。我国辽宁、吉林等地有栽培。

栽培 扦插或嫁接繁殖。耐修剪。

用途 可孤植、列植、丛植、片植，是优良色叶树种。

57. 水榆花楸 ● 蔷薇科 花楸属

Sorbus alnifolia (Sieb. et Zucc.) K. Koch.

形态 乔木，高 20 米。叶椭圆形或卵圆形，长 5～10 厘米。花白色，复伞房花序，花期 5 月。梨果椭圆形或卵形，红色或橙黄色，果期 9 月。

生态 喜光，稍耐阴，喜阴湿环境，耐寒，喜微酸性和中性土壤。

分布 产我国东北、华北、华东、华中、西北地区，在北方园林中有栽培。朝鲜、俄罗斯、日本有分布。

栽培 播种繁殖。

用途 观赏树，冠大荫浓，春季花白如雪，秋叶变红或黄色，在庭园内宜孤植或丛植。

58. 欧洲花楸 ● 蔷薇科 花楸属

Sorbus aucuparia L.

形态 乔木，高 15 米。羽状复叶，有 11～15 片小叶，小叶带细锯齿，叶秋季变金黄色。花白色，花期 5 月。果红色，9—10 月成熟。

生态 喜光，耐半阴，较耐寒，喜肥沃、排水良好的土壤。

分布 产欧洲。我国河北、辽宁等地有栽培。

栽培 播种繁殖。

用途 观赏树。

59. 欧亚花楸 ● 蔷薇科 花楸属

Sorbus commixta Hedl.

形态 乔木，高 10～15 米，树皮灰褐色至灰黑褐色。奇数羽状复叶，长 12～24 厘米，小叶 9～15 片，小叶长椭圆状披针形，秋叶变红色。复伞房花序，径 10～12 厘米，花多数，白色，花期 5—6 月。果红色或橘红色，径 0.6 厘米，果期 9—10 月。

生态 喜光，稍耐阴，较耐寒，喜湿润环境及微酸性土壤。

分布 产日本、朝鲜。我国北京、沈阳等地有栽培。

栽培 播种繁殖。

用途 庭园观赏树,也可作行道树。

60. 花楸 ● 蔷薇科 花楸属

Sorbus pohuashanensis (Hance) Hedl.

形态 小乔木，高 10 米。奇数羽状复叶，小叶 11～15 片，卵状披针形或椭圆状披针形，长 3～5 厘米，中部以下全缘。花白色，多花密集成复伞房花序，花期 5—6 月。果实近球形，红色或橘红色，果期 9—10月。

生态 喜光，也耐阴，耐寒，喜湿润、肥沃的土壤。

分布 东北、华北及内蒙古等地区。北京及东北地区有栽培。

栽培 播种繁殖。

用途 花繁叶美，秋后果红叶黄，为优良的观赏乔木。

61. 西伯利亚花楸 ● 蔷薇科 花楸属

Sorbus sibirica **Hedl.**

形态 乔木，高 15～20 米，有时呈灌木状。树皮灰色，枝条密被绒毛。奇数羽状复叶，小叶 4～7 对，下部小叶全缘，上部小叶锯齿缘。伞形花序，花白色，花期 5—6 月。果实橙黄色或红色，果熟期 8—9 月。

生态 喜光，较耐阴，耐寒，耐干旱，常生长在林缘或林下以及灌木丛中或池塘边。

分布 产俄罗斯。我国河北、辽宁等地有栽培。

栽培 播种繁殖。

用途 优良的观花、观果树种。

62. 豆梨 ● 蔷薇科 梨属

Pyrus calleryana Decne.

形态 小乔木，高 5～8 米，小枝粗壮。叶片宽卵形至椭圆形，长 4～8 厘米，边缘有钝锯齿。伞形总状花序，具花 6～12 朵，直径 2～2.5 厘米，花期 4—5 月。梨果球形，直径约 1 厘米，黑褐色，有斑点，萼片脱落，有细长果梗，果期 9—10 月。

生态 喜光，较耐寒，耐湿涝，耐黏重土壤，适生于温暖潮湿气候。

分布 产我国长江流域，山东、河南有分布，沈阳、大连等地有栽培。

栽培 播种繁殖。

用途 花繁茂，优良观赏树。

63. 紫叶合欢 ● 豆科 合欢属

***Albizia julibrissin* ‘Ziye’**

形态 乔木，高达 16 米，树冠呈伞状。偶数羽状复叶，春季叶为紫红色，夏季则为绿色，树冠上部叶为紫红色。花为深红色。

生态 喜光，稍耐寒，耐干旱、瘠薄，不耐水涝。

分布 我国河南、辽宁南部等地有栽培。

栽培 扦插或嫁接繁殖。

用途 庭园树，行道树。

64. 红叶皂角 ● 豆科 皂荚属

Gleditsia triacanthos **'Rubrifolia'**

形态 乔木。枝干有刺；一至二回羽状复叶，小叶 5～16 对，长椭圆状披针形，春幼叶暗红色，后渐变青铜绿色，嫩叶仍保持红色。

生态 喜光，稍耐寒，喜深厚、肥沃而排水良好的土壤。

分布 原产美国；我国上海、南京及新疆、河南、辽宁等地有栽培。

栽培 嫁接繁殖。

应用 园林色叶树种。

65. 金叶皂角 ● 豆科 皂荚属

***Gleditsia triacanthos* ‘Sunburst’**

形态 乔木，高 10 米。枝水平开展，无刺。幼叶金黄，叶片夏季为明亮的黄绿色，秋季转为鲜艳的金黄色。不结实。

生态 喜光，稍耐阴，较耐寒，喜温暖湿润气候，耐盐碱，耐干旱，对土壤要求不严。

分布 国外引入的栽培种。我国华北及辽宁等地有栽培。

栽培 扦插繁殖或以皂角为砧木嫁接繁殖。

用途 园林观赏色叶树种。

66. 金叶刺槐 ● 豆科 刺槐属

Robinia pseudoacacia **'Frisia'**

形态 乔木，奇数羽状复叶，叶卵形或长圆形，叶金黄色。小枝具鲜红色刺。

生态 喜光，耐干旱，耐瘠薄，耐寒性比刺槐稍差。

分布 产北美。我国北京、大连等地有栽培。

栽培 扦插、根蘖繁殖。

用途 庭园观赏树种。

67. 香花槐 ● 豆科 刺槐属

***Robinia pseudoacacia* 'Idahoensis'**

形态 乔木，小枝棕红色，刺较小，花玫瑰红色，5 月、7 月两次开花，其他同刺槐。

生态 耐寒性比刺槐稍差。其他同刺槐。

分布 20 世纪 90 年代由国外引入吉林省集安市。现我国河北、山东、河南、辽宁等地均有栽培。

栽培 扦插、根蘖繁殖。适宜沈阳以南地区栽培。

用途 庭园观赏树种。

68. 金叶槐 ● 豆科 槐树属

***Sophora japonica* 'Golden Leaves'**

枝叶为黄色或黄绿色，阳光越足，叶色越黄。其他同国槐。

69. 金枝槐 ● 豆科 槐树属

***Sophora japonica* 'Golden Stem'**

枝条金黄色。我国河南，河北，辽宁沈阳以南地区有栽培。其他同国槐。

70. 蝴蝶槐（五叶槐） ● 豆科 槐树属

***Sophora japonica* ‘Oligophylla’**

形态 乔木。复叶，小叶 5～7，常簇生在一起，大小和形状均不整齐，有时 3 裂。

生态 喜光，较耐寒，抗烟尘和有害气体。

分布 我国河南、山东、河北及辽宁沈阳以南地区有栽培。

栽培 嫁接或扦插繁殖。

用途 叶形奇特，观赏价值较高。

71. 金叶龙爪槐 ● 豆科 槐树属

***Sophora japonica* 'Pendula-Gold'**

叶片金黄色。本品种系河北省林业科学研究院从龙爪槐中选育的金叶品种。

72. 红叶椿 ● 苦木科 臭椿属

***Ailanthus altissima* 'Purpurata'**

幼叶紫红色，红叶期可持续到6—7月，以后下部叶颜色逐渐变为暗绿色，枝顶红色可持续到8月下旬的封顶期。其他同原种。

73. 千头椿 （圆头椿） ● 苦木科 臭椿属

***Ailanthus altissima* ‘Umbraculifera’**

树冠圆头形，整齐美观。宜作行道树，是近年推广应用的品种。其他同原种。

74. 美国红栌 ● 漆树科 黄栌属

***Cotinus coggygria* 'Royal Purple'**

形态 小乔木或灌木，树冠圆形。春、夏叶片紫色或红紫色，秋季变为鲜红色。

生态 喜光，耐半阴，稍耐寒、耐瘠薄和碱性土，不耐水湿。

分布 由美国引入。我国河南、河北及北京等地有栽培。

栽培 嫁接或扦插繁殖。

用途 庭园观赏树。

75. 金叶黄栌 ● 漆树科 黄栌属

***Cotinus coggygria* 'Golden Spirit'**

叶金黄色。稍耐寒，华北及北京等地有栽培。其他同原种。

76. 裂叶火炬树 ● 漆树科 盐肤木属

***Rhus typhina* 'Dissecta'**

小叶羽状深裂。我国辽宁等地有栽培。

77. 金叶桃叶卫矛 ● 卫矛科 卫矛属

***Euonymus bungeanus* 'Jinye'**

枝和叶均为黄色或黄绿色。其他同原种。

78. 短翅卫矛 ● 卫矛科 卫矛属

Euonymus planipes （Koehne） Koehne

形态 灌木或小乔木，高2～5米。叶对生，椭圆状卵圆形或菱形，长6～14厘米。复聚伞花序，花期5月。蒴果近球形，粉红色，成熟时更为艳丽，有4～5条明显的短翅，翅三角形，长0.2～0.5厘米，假种皮橘红色，种子黑褐色。果期9月。

生态 喜光，稍耐阴，耐寒，喜湿润环境和肥沃土壤。

分布 产我国东北地区。俄罗斯、朝鲜、日本也有分布。

栽培 播种繁殖。

用途 庭园观赏树。

79. 翅卫矛 ● 卫矛科 卫矛属

Euonymus macropterus Rupr.

形态 小乔木，高 2～5 米。小枝紫红色。叶长倒卵形或广椭圆形，长 4～9 厘米。聚伞花序，花期 5—6 月。蒴果有 4 个长翅，蔷薇色，假种皮橘红色，果期 9 月。

生态 喜光，稍耐阴，耐寒，喜湿润环境和肥沃土壤，不耐水湿。生于阔叶林或针阔混交林中。

分布 产我国东北及河北、甘肃等地。朝鲜、俄罗斯、日本有分布。

栽培 播种或扦插繁殖。

用途 庭园观赏树。

80. 自由人槭‘秋火焰’（美国红枫） ● 槭树科 槭树属

***Acer freemanii* ‘Automn blaze’**

形态 乔木，高20～30米，树冠圆形，枝向上直立。叶深裂，叶面绿色，背面浅灰白色，秋叶变橙红色或红色。

生态 喜光，较耐寒，耐盐碱，喜排水良好肥沃土壤。

分布 产北美。我国北京、大连、沈阳等地有栽培。

栽培 嫁接繁殖。

用途 庭园观赏树。

81. 金叶复叶槭 ● 槭树科 槭树属

***Acer negundo* ‘Aureum’**

形态 小乔木，嫩枝覆盖白粉。奇数羽状复叶，小叶 3～7 片，金黄色。

生态 喜光，稍耐阴，耐寒。

分布 产北美洲。我国华北及东北地区有栽培。

栽培 嫁接或扦插繁殖。

用途 庭园树或行道树。

82. 复叶槭‘火烈鸟’ ● 槭树科 槭树属

***Acer negundo* ‘Flamingo’**

形态 小乔木，奇数羽状复叶，小叶 3～7 片，新叶桃红色，老叶粉红色、白色相间，叶子柔软下垂。

生态 喜光，耐半阴，较耐寒，耐旱，喜排水良好土壤。

分布 引自美洲。我国北京及辽宁南部有栽培。

栽培 扦插或嫁接繁殖。

用途 庭园观赏树。

83. 复叶槭‘金花叶’ ● 槭树科 槭树属

***Acer negundo* ‘Aureo-marginatum’**

形态 小乔木，奇数羽状复叶，小叶 3～7 片，叶边有白色或金黄色花边。

生态 喜光，耐阴，较耐寒，对土壤适应性强。

分布 引自北美洲。我国华北地区及辽宁等地有栽培。

栽培 扦插或嫁接繁殖。

用途 庭园观赏树。

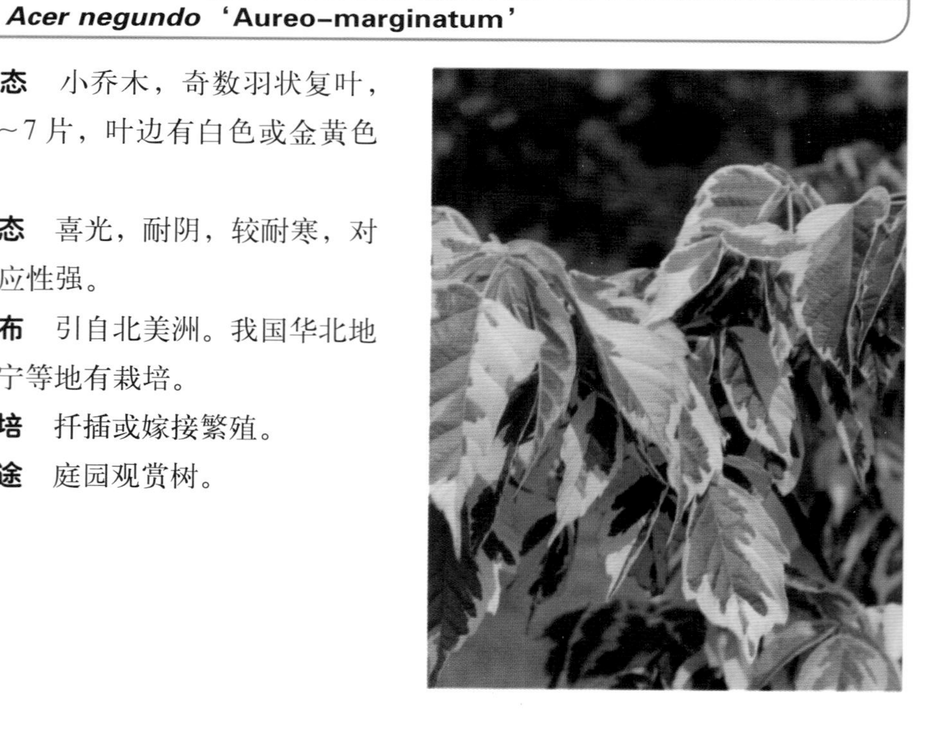

84. 复叶槭‘银花叶’ ● 槭树科 槭树属

***Acer negundo*‘Variegatum’**

形态 小乔木，树冠圆形，枝多平展。奇数羽状复叶，小叶 3～7 片，叶亮绿色，叶边缘呈粉色、白色。

生态 喜光，耐半阴，较耐寒，喜湿润及排水良好土壤。

分布 引自北美洲。我国华北地区及辽宁等地有栽培。

栽培 扦插或嫁接繁殖。

用途 庭园观赏树。

85. 挪威槭 ● 槭树科 槭树属

Acer platanoides L.

形态 乔木，高达 25 米。树冠近球形，叶片光滑，掌状 5 裂，秋叶黄色或金黄色。花小，黄绿色。翅果下垂。

生态 喜光，较耐寒，喜湿润气候及肥沃、深厚的土壤，适应性强。

分布 产欧洲及高加索、土耳其一带。我国华北、华中及辽宁等地有栽培。

栽培 嫁接或播种繁殖。

用途 庭园观赏树。

86. 挪威槭‘红国王’ ● 槭树科 槭树属

***Acer platanoides* ‘Crimson King’**

叶暗红至暗紫酱色，其他同原种。我国大连、沈阳等地有栽培。

87. 元宝槭（五角枫） ● 槭树科 槭树属

Acer truncatum Bunge

形态 乔木，高 8～10 米。叶掌状 5 裂，裂片较窄，尖端渐尖，有时中裂片或上部 3 裂片又 3 裂，叶基常心形，长 6～8 厘米。花黄绿色，顶生伞房花序，花期 5 月。翅果扁平，翅较宽而略长于果核，果期 9 月。

生态 喜光，稍耐阴，较耐寒，喜肥沃、湿润、排水良好土壤，耐旱，不耐瘠薄，抗烟害。

分布 产我国黄河流域及吉林、辽宁、内蒙古、陕西和华北等地区。

栽培 播种繁殖。

用途 行道树及庭园观赏树。

88. 金叶元宝槭 ● 槭树科 槭树属

***Acer truncatum* ‘Jinye’**

叶金黄色，幼叶橙红色，其他同原种。系辽宁岫岩地区近期选育出的新色叶树种。

89. 色木槭（五角枫） ● 槭树科 槭树属

Acer mono Maxim.

形态 乔木，高 20 米。单叶对生，掌状 5 裂，裂片较宽，长 3.5～9 厘米。叶基常截形。伞房花序，花期 5 月。翅果较长为核果的 1.5～2 倍，两翅形成钝角，稀锐角，果期 9 月。

生态 喜光，稍耐阴，耐寒，适应性强，喜湿润、凉爽气候及土层深厚的山地。

分布 产我国东北、华北及长江流域。朝鲜、日本、俄罗斯、蒙古有分布。

栽培 播种繁殖。

用途 适作行道树和庭园观赏树。

90. 茶条槭（三角枫） ● 槭树科 槭树属

Acer ginnala Maxim.

形态 灌木或小乔木，高 2~6 米。单叶对生，叶卵形或长圆状卵形，长 6~10 厘米，3 裂，中央裂片最大，秋叶变红。伞房花序顶生，花期 5—6 月。翅果深褐色，果期 9 月。

生态 喜光，耐阴，耐寒，耐干旱，也耐水湿。

分布 产我国东北、黄河流域及长江下游一带。朝鲜、日本有分布。

栽培 播种繁殖。

用途 庭园观赏树及绿篱树种。

91. 假色槭（九角枫） ● 槭树科　槭树属

Acer pseudo-sieboldianum (Pax) Kom.

形态　小乔木或灌木，高 8 米。幼枝绿色或紫绿色。叶近圆形，长 6～10 厘米，常 9～11 裂，裂缘为重锯齿。秋叶变红或变黄。伞房花序，花紫色，花期 5—6 月。两翅展开成钝角或直角，果期 9 月。

生态　喜光，稍耐阴，耐寒，喜湿润、肥沃的土壤。

分布　产我国东北地区，哈尔滨、长春、沈阳等地有栽培。朝鲜和俄罗斯有分布。

栽培　播种繁殖。

用途　庭园观赏树或风景树。

92. 拧筋槭（三花槭） ● 槭树科 槭树属

Acer triflorum Kom.

形态 小乔木，高 10 米。3 出复叶，小叶长圆形，边缘中部以上具 2～3 对钝齿，长 5～9 厘米，秋叶变红或变黄。伞房花序，具花 3 朵，黄绿色，花期 4—5 月。翅果宽大，果期 9 月。

生态 喜光，稍耐阴，耐寒，喜湿润、肥沃的土壤，生于海拔 400～1000 米针阔叶混交林或阔叶林中。

分布 产我国黑龙江东南部及吉林、辽宁等省。朝鲜也有分布。

栽培 播种繁殖。

用途 宜作观赏树及风景林树种。

93. 白牛槭 ● 槭树科 槭树属

Acer mandshuricum Maxim.

形态 乔木，高 20 米。3 出复叶对生，叶柄长 6～11 厘米，小叶披针形或长圆状披针形，边缘粗锯齿，长 5～10 厘米，秋叶变橙红色。伞房花序，具花 3～5 朵，黄绿色，花期 5—6 月。翅果褐色，果期 8—9 月。

生态 喜光，较耐阴，耐寒，喜湿润、凉爽气候和土层深厚的山地。生于海拔 500～1000 米山地的混交林中。

分布 产我国黑龙江南部、吉林、辽宁等地。朝鲜北部有分布。

栽培 播种繁殖。

用途 庭园观赏树。

94. 青楷槭 ● 槭树科 槭树属

Acer tegmentosum Maxim.

形态 小乔木，高 10～15 米。树皮平滑，灰绿色，有黑条纹。单叶对生，近圆形或阔卵形，长 10～12 厘米，常 3～5 浅裂，总状花序顶生，花期 5 月。翅果黄褐色，果期 9 月。

生态 喜光，较耐阴，耐寒，喜生于低山疏林较湿润地带，常与椴树、水曲柳等混交成林。

分布 产我国辽宁东部山区及黑龙江、吉林、河北等省。朝鲜、俄罗斯有分布。

栽培 播种、分根均可繁殖。

用途 庭园观赏树。

95. 花楷槭 ● 槭树科 槭树属

Acer ukurunduense Trautv. et Mey.

形态 小乔木，高 8～10 米，稀达 15 米。小枝细，当年生枝紫色或紫褐色。叶近圆形，长 10～12 厘米，常 5 裂，稀 7 裂，裂片阔卵形，下面被淡黄色绒毛，脉上更密。花期 5 月。果翅张开成直角，果期 9 月。

生态 喜光，稍耐阴，耐寒，喜较湿润地，生于海拔 500～1500 米的疏林中。

分布 产我国东北地区。朝鲜、俄罗斯、日本有分布。

栽培 播种繁殖。

用途 庭园观赏树。

96. 小楷槭 ● 槭树科 槭树属

Acer komarovii Pojark.

形态 小乔木，高5米，树皮光滑。当年生枝紫色或紫红色。单叶对生，长卵圆形，长6～10厘米，叶基心形或近心形，边缘有很密尖锯齿，常5裂，稀3裂。花期5月。果翅展开为钝角，果期9月。

生态 喜光，稍耐阴，耐寒，喜较湿润肥沃土壤，生于海拔800～1200米的疏林中。

分布 产我国东北地区。朝鲜北部和俄罗斯远东地区有分布。

栽培 播种繁殖。

用途 庭园观赏树。

97. 日本七叶树 ● 七叶树科 七叶树属

Aesculus turbinata Bl.

形态 乔木，高 25 米。掌状复叶，5～7 片小叶，倒卵状长椭圆形至长椭圆状披针形，长 8～16 厘米。圆锥花序，近圆柱形，花杂性，花瓣 4，白色，花期 4—5 月。果实近球形，果期 10 月。

生态 喜光，稍耐寒，喜湿润、肥沃、疏松的土壤。

分布 产我国秦岭，黄河中下游和江苏、浙江等省，大连、北京、沈阳等地也有栽培。

栽培 播种繁殖。

用途 庭院观赏树。

98. 紫花文冠果 ● 无患子科 文冠果属

***Xanthoceras sorbifolium* 'Purpurea'**

形态 灌木或小乔木，高 3～5 米。羽状复叶互生，小叶 9—19，长椭圆形或披针形。花紫红色，花期 5 月。种子卵圆形，径约 1 厘米，黑色。蒴果卵球形，径 4～6 厘米，果期 8—9 月。

生态 喜光，耐寒，喜肥沃、湿润土壤，忌积水。

分布 产我国辽宁西部地区，辽宁、吉林、黑龙江等地有栽培。

栽培 嫁接繁殖。

用途 庭园观赏树。可孤植、对植、丛植。

99. 欧洲大叶椴 ● 椴树科 椴树属

Tilia platyphyllos Scop.

形态 大乔木，产地高达 40 米。树皮暗灰色，当年生枝绿色。叶片广卵形或近圆形，长 5～12 厘米，基部斜心形，稀近截形。聚伞花序，具花 3～9 朵，花期 6—7 月。果卵球形，径约 0.8 厘米，具明显的 3～5 棱，果期 9 月。

生态 喜光，较耐寒，喜湿润环境和肥沃土壤。

分布 产欧洲、高加索及小亚细亚。我国北京、大连等地有栽培。

栽培 播种繁殖。

用途 庭园观赏树和行道树。

100. 欧洲小叶椴（心叶椴） ● 椴树科 椴树属

Tilia cordata Mill.

形态 乔木，高 20～30 米，树冠圆球形。小枝嫩时有柔毛。叶近圆形，长 3～6 厘米，叶缘有细尖锯齿，背面苍绿色。花黄白色，聚伞花序，具花 5～7 朵。果球形，有绒毛和疣状突起。

生态 喜光，稍耐阴，较耐寒，喜湿润气候和肥沃土壤。

分布 产欧洲。我国新疆及上海、南京、青岛、大连等地有栽培。

栽培 播种繁殖。

用途 庭园绿化树种及行道树种。

101. 金叶椴 ● 椴树科 椴树属

***Tilia tomentosa* ‘Goldrush’**

叶金黄色。欧洲引入。我国华北及东北南部等地有栽培。

102. 美洲椴 ● 椴树科 椴树属

Tilia americana L.

形态 乔木，高可达40米。树皮具深色皱纹。小枝绿色、光滑。叶宽卵形，长10～15厘米，叶缘具粗锯齿，叶背面脉腋有簇毛。聚伞花序，具花6～15朵，下垂，花序轴有苞叶。

生态 喜光，耐寒，喜凉爽湿润气候。

分布 产美国。我国北京、沈阳等地有栽培。

栽培 播种繁殖。

用途 庭园观赏树或行道树。

103. 糠椴 ● 椴树科 椴树属

Tilia mandshurica Rupr. et Maxim.

形态 乔木，高 20 米，胸径 50 厘米。树冠广卵形，树皮灰黑色。幼枝密生浅褐色星状毛。叶广卵形或卵圆形，长 8～15 厘米，叶背面密被淡灰色的星状短柔毛。聚伞花序，有花 5～20 朵，苞片倒披针形，花黄色，花期 7 月。核果近圆球形，黄褐色，果期 9 月。

生态 喜光，耐寒，喜凉爽湿润气候，喜生于水分条件较好的杂木林及林缘或疏林中。

分布 产我国东北及内蒙古、河北、山西等地区，长春、沈阳、大连等地有栽培。朝鲜、俄罗斯有分布。

栽培 播种繁殖，也可进行萌芽更新。

用途 庭园树及行道树。宜孤植、列植或丛植。

104. 紫椴 ● 椴树科 椴树属

Tilia amurensis Rupr.

形态 乔木，高 30 米，胸径达 1 米。树冠卵形。树皮片状脱落，皮孔明显。叶广卵形或近圆形，长 3.5～8 厘米。聚伞花序，长 4～8 厘米，其苞片呈倒披针形或匙形，长 4～5 厘米，花黄白色，花期 7 月。果球形或椭圆形，种子褐色，果期 9 月。

生态 喜光，稍耐阴，耐寒，喜肥沃土壤，喜生于水分充足、排水良好、土层深厚之处。

分布 产我国东北、华北及内蒙古等地区，哈尔滨、长春、沈阳等地有栽培。朝鲜、俄罗斯有分布。

栽培 播种繁殖，也可进行萌芽更新。

用途 树冠大而美，是良好的行道树及庭园绿化树种。

105. 蒙椴 ● 椴树科　椴树属

Tilia mongolica Maxim.

形态　乔木，高 10 米。树皮淡灰色。叶广卵形或近圆形，长 4～7 厘米，边缘具不整齐的粗锯齿，其中有 1～3 个急尖。聚伞花序达 10 厘米，常有 3～5 朵花或更多，苞片披针形，花黄色，花期 7 月。核果倒卵形或近圆形，淡黄色，果期 9 月。

生态　喜光，耐寒，耐干旱，多生于向阳山坡或岩石间。

分布　产我国辽宁及华北地区，北京、沈阳等地有栽培。蒙古有分布。

栽培　播种繁殖。

用途　庭园观赏树。

106. 乔木柽柳 ● 柽柳科 柽柳属

***Tamarix chinensis* ‘Qiaomu’**

形态 小乔木，高 2～5 米。树皮红褐色。叶细小，鳞片状。

生态 喜光，耐寒，耐旱，抗涝，耐盐碱。可在含盐量 0.8%～3.0%、pH 9.5～11 环境下生长。

分布 本种是在辽宁省凌海市从柽柳芽变品种选育出的。现辽宁营口等沿海地区有栽植。

栽培 扦插繁殖。

用途 盐碱地绿化及构建沿海防护林树种。

107. 灯台树 ● 山茱萸科 梾木属

Cornus controversa Hemsl.

形态 小乔木，高 4～10 米。树枝层层平展。叶互生，簇生于枝梢，叶广卵形或广椭圆形，长 7～16 厘米。伞房状聚散花序生于新枝顶端，花白色，花期 5—6 月。核果近球形，成熟为紫黑色，果期 9—10 月。

生态 喜光，稍耐阴，较耐寒，喜湿润气候和肥沃土壤，生于杂木林内、林缘或溪流旁。

分布 产我国华北、华中、华东、华南、西南及辽宁等地。

栽培 播种繁殖。

用途 庭园观赏树。

108. 四照花 ● 山茱萸科 四照花属

Dendrobenthamia japonica var. ***chinensis*** (Osb.) Fang

形态 灌木或小乔木，高达9米。叶对生，厚纸质，卵状椭圆形，长5～12厘米，具弧状侧脉4～5对。头状花序近球形，基部具4枚白色花瓣状总苞片，花黄色，花期5—6月。核果为球形聚合果，紫红色，果期9—10月。

生态 喜光，稍耐阴，较耐寒，喜温暖湿润气候和排水良好的沙壤土。

分布 产我国长江流域及河南、山西、陕西、甘肃等地，北京、大连、熊岳等地有栽培。

栽培 播种、分株或扦插繁殖。

用途 庭园观赏树。宜丛植或片植。

109. 君迁子 ● 柿树科 柿树属

Diospyros lotus L.

形态 乔木，高达 10～20 米。树冠圆形。叶长椭圆形，长 6～12 厘米，革质，全缘。花单性，淡黄色，雌花单生于叶腋，花期 5—6 月。浆果近球形至椭圆形，初熟时黄色，后变黑色，外被白粉，果熟期 10 月。

生态 喜光，耐半阴，较耐寒，喜湿润、肥沃土壤，但对瘠薄土、中等碱土也有一定忍耐力。

分布 产东北南部、华北至中南、西南各地。西亚地区和日本有分布。

栽培 播种繁殖。

用途 行道树、庭荫树。

110. 柿树 ● 柿树科 柿树属

Diospyros kaki L.f.

形态 乔木，高达 15 米。叶互生，革质，长圆状倒卵形至椭圆状卵圆形，长 6～18 厘米。花淡黄白色，花期 5—6 月。果实卵圆形或扁圆球形，径 3.5～8 厘米，成熟时橙黄色或红色，果期 9—10 月。

生态 喜光，喜温和气候，稍耐寒，对土壤要求不严，但以土层深厚疏松的土壤为佳，不耐水湿和盐碱。

分布 产我国长江及黄河流域，东北南部至华南广为栽培。

栽培 嫁接繁殖，砧木用君迁子。

用途 观赏树种及果树。

111. 玉玲花 ● 野茉莉科 野茉莉属

Styrax obassia Sieb. et Zucc.

形态 小乔木，高 4～10 米。皮剥裂，枝黑褐色。小枝下部的叶较小而对生，上部叶大，互生，叶片椭圆形至广倒卵形。总状花序顶生或腋生，具花 10 余朵；花下垂，花冠白色，径约 2 厘米，花期 5—6 月。果实卵形或球状卵形，果期 8 月。

生态 喜光，喜温暖湿润气候，较耐寒。多生于山区杂木林中。

分布 产我国东北南部至华北、华中等地区。朝鲜、日本有分布。

栽培 播种繁殖。

用途 庭园观赏树。

112. 洋白蜡 ● 木犀科 白蜡属

Fraxinus pennsylvanica Marsh.

形态 乔木，高 20 米。枝条粗壮，树冠紧密，树皮红褐色。奇数羽状复叶，小叶 5~9 片，叶背淡绿色，被灰白色短柔毛，沿脉较密。圆锥花序生于上一年侧枝，叶前开花，花期 5 月。果翅较狭，果期 9—10 月。

生态 喜光，较耐寒，耐低湿，喜生于湿润、肥沃土壤。

分布 产美国东部及中部。我国北京、沈阳等地有栽培。

栽培 播种繁殖。

用途 行道树及庭园树。

113. 金叶白蜡 ● 木犀科 白蜡属

***Fraxinnus chinensis* ‘Aurea’**

形态 乔木，高 15 米，树冠卵圆形。奇数羽状复叶，小叶 5~9 枚，卵圆形或卵状椭圆形，长 3~7 厘米，叶金黄色，新叶赤褐色。花期 3—5 月。

生态 喜光，稍耐阴，较耐寒，喜湿耐涝，也耐干旱，耐瘠薄，耐盐碱。

分布 我国河南、辽宁等地有栽培。

栽培 嫁接、扦插、根插等方法繁殖。

用途 庭园观赏树及行道树种。

114. 红叶白蜡 ● 木犀科 白蜡属

***Fraxinus americana* ‘Autum Purple’**

形态 乔木，小枝圆形。奇数羽状复叶，小叶 7 枚，卵形或卵状披针形，有光泽，9 月叶开始变色，10 月中旬叶片全红，11 月中旬落叶，红叶期 1 个多月。

生态 喜光，稍耐阴，喜温暖，较耐寒，耐盐碱，耐烟尘。

分布 引自美国。我国山东、河北、辽宁等地有栽培。

栽培 嫁接或扦插繁殖。

用途 行道树及庭荫树。

115. 暴马丁香 ● 木犀科 丁香属

Syringa reticulata ssp. ***amurensis*** （Qupr.） P.S. Green et M.C. Chang

形态 乔木，高 10 （17） 米，胸径 1 米以上。树冠近圆形，枝直上而开展，树皮紫灰色或紫灰黑色，粗糙，枝条带紫色，有光泽。单叶对生，叶片卵圆形，长 5～10 厘米，全缘，叶背侧脉显著隆起。圆锥花序大而稀疏，长 20～25 厘米，花冠白色，筒短，雄蕊长为花冠裂片的 2 倍，花期 5—6 月。蒴果矩圆形，果期 9 月。

生态 喜光，稍耐阴，耐寒，喜湿润的冲积土。多见于山地河岸及河谷，适应性强。

分布 产我国东北、华北等地区。东北、华北、西北及华中等地有栽培，辽宁朝阳县山区有千年古树。朝鲜、日本、俄罗斯有分布。

栽培 播种繁殖。

用途 庭园观赏树及行道树种。

116.‘北京黄’丁香 （黄丁香） ● 木犀科 丁香属

Syringa reticulata ssp. ***pekinensis*** **‘Beijing-huang’**

形态 乔木，高达10米。叶卵形或卵状披针形，基部广楔形，两面光滑无毛。大圆锥花序侧生，花明显黄色或淡黄色，花期6—7月。

生态 喜光，稍耐阴，耐寒，耐旱，喜湿润及土层深厚的土壤。

分布 北京植物园选育而成。辽宁、吉林等地有栽培。

栽培 嫁接繁殖。

用途 庭园观赏树。

117. 金叶美国梓树 ● 紫葳科 梓树属

***Catalpa bignonioides* ‘Aurea’**

形态 乔木，树冠开展。叶卵形至广卵状圆形，长 15～25 厘米，新叶金黄色，夏季叶色较黄绿。花白色，喉部黄色，具紫斑，花期 6 月。

生态 喜光，较耐寒，喜温暖湿润气候及肥沃土壤。

分布 产美国。我国北京、沈阳、大连等地有栽培。

栽培 嫁接繁殖。

用途 庭荫树或行道树。

118. 紫叶美国梓树 ● 紫葳科 梓树属

***Catalpa bignonioides* ‘Purpurea’**

新叶紫红色。其他同前种。

119. 黄金树 ● 紫葳科 梓树属

Catalpa speciosa (Ward. ex Barney) Engelm.

形态 乔木，高30米，树冠卵圆形。叶多3叶轮生，罕对生，叶片宽卵形或卵状圆形，全缘，侧脉腋被绿色腺斑。圆锥花序顶生，花冠白色，下唇筒部里面有两黄色条纹及紫色斑点，花期6月。蒴果短粗，果期9—10月。

生态 喜光，较耐寒，喜湿润、凉爽气候及深厚、肥沃、疏松土壤，忌栽于积水地。

分布 产美国中部和东部。我国华北及辽宁等地有栽培。

栽培 播种繁殖。

用途 庭园观赏树和行道树。

3

落叶灌木、藤本

1. 彩叶杞柳 ● 杨柳科 柳属

Salix integra **‘Hakuro Nishiki’**

形态 灌木，树冠紧密，圆形。春季叶白色，透着粉红色，后有绿、白粉、红等颜色交织，叶为椭圆状长圆形或长椭圆形，长 2～7 厘米。

生态 喜光，也耐阴，较耐寒，耐旱，对环境适应性强，喜排水良好湿润土壤。

分布 引自加拿大。我国河南、北京、大连等地有栽培。

栽培 扦插繁殖。

用途 庭园观赏树。

2. 紫叶榛 ● 桦木科 榛属

***Corylus maxima* 'Purpurea'**

形态 灌木。深紫色的心形叶，秋季叶片转为灰紫色。

生态 喜光，较耐寒，耐旱，喜肥沃的酸性土壤，在盐碱及瘠薄之地也能生长，适应性强。

分布 产欧洲东南部。我国华北及辽宁等地有栽培。

栽培 播种或扦插繁殖。

用途 观赏灌木。

3. 花蓼（山荞麦） ● 蓼科 蓼属

Polygonum aubertii (L.) Henry

形态 半木质藤本。茎密集，匍匐或呈攀缘状，长 10～15 米。单叶互生，叶卵形至卵状长椭圆形，长 4～9 厘米，叶缘常波状。花小，白色或绿白色，侧生圆锥花序，花期 8—10 月。

生态 喜光，较耐寒，耐干旱，耐瘠薄。

分布 产我国秦岭地区，兰州、北京及沈阳以南城市有栽培。在国外，尤其是东欧和北欧普遍有栽培。

栽培 播种或扦插繁殖，移植易成活，病虫害少。

用途 垂直绿化或地被植物，绿期长，密集的葱翠之叶及秋花均可供观赏。

4. 大花铁线莲 ● 毛茛科 铁线莲属

Clematis patens Morr. et Decne.

形态 蔓性藤本，长达4米；3出复叶，卵圆形，长4～7厘米。单叶顶生，被淡黄色绒毛，径8～12厘米，花瓣状萼片6～9枚，白色或淡黄色，花期5—6月。

生态 喜光，耐寒，喜肥沃疏松且排水良好的土壤。

分布 产我国辽宁及华北等地区。朝鲜、日本有分布。

栽培 播种、压条或扦插繁殖。

用途 园林中常用于垂直绿化，花大而美丽。

5. 大叶铁线莲 ● 毛茛科 铁线莲属

Clematis heracleifolia DC.

形态 灌木。茎较粗壮，密生白色绒毛。3 出复叶，对生，长 5～15 厘米。叶边缘有不整齐的粗锯齿。聚伞花序腋生或顶生，总花梗粗壮，具条状苞片，萼片 4 枚，蓝色，花期 7—8 月。瘦果倒卵形，红棕色，果期 9—10 月。

生态 喜光，较耐阴，耐寒，喜湿润肥沃的土壤。

分布 产我国辽宁、山东等省。

栽培 播种、分株或扦插繁殖。

用途 观赏灌木。

6. 金叶小檗 ● 小檗科 小檗属

***Berberis thunbergii* 'Aurea'**

与原种主要区别是叶始终为金黄色，甚美丽。我国华北及辽宁南部有栽培。其他同原种。

7. 金边紫叶小檗 ● 小檗科 小檗属

***Berberis thunbergii* 'Jinbianzibo'**

叶边缘呈金黄色。其他同紫叶小檗。

8. 紫斑牡丹 ● 芍药科 芍药属

Paeonia rockii (S.G. Haw. et L.A.Lauener) T.Hong et J.J.Li

形态 灌木，高 0.5～1.5 米。叶为 2 回羽状复叶，小叶 19 片以上，小叶有深缺刻；叶背沿脉疏生黄色柔毛。花单瓣或重瓣，大型，白色，在瓣基部腹面有明显的深紫色斑点。为牡丹中的珍品，品种众多，有 20 多种，除白花外，尚有粉、红、紫、黄等色。花期从 4 月末到 6 月上旬。

生态 喜光，耐寒（能耐−29℃或更低），耐旱较耐碱，喜冷凉干燥气候。

分布 我国秦岭山脉、大巴山及其余脉神农架林区，其栽培品种主要分布在西北地区，北京、沈阳、长春等地有栽培。

栽培 扦插或分株繁殖。分株宜于秋季进行，从 9 月下旬到 10 月上旬最为适宜。

用途 园林中常布置为专类牡丹园或庭园栽培。

9. 圆锥绣球‘粉眼’ ● 虎耳草科 八仙花属

***Hydrangea paniculata* ‘Pink Winky’**

形态 直立灌木，冠宽圆顶形。叶卵形，深绿色。花由白色变成红粉色，花期7—8月。

生态 喜光，较耐寒，稍耐阴，适应性强。

分布 产欧洲。我国辽宁南部及华北等地有栽培。

栽培 扦插繁殖。

用途 观赏灌木。

10. 东陵八仙花 ● 虎耳草科 八仙花属

Hydrangea bretschneideri Dipp.

形态 灌木，高 1～3 米。树皮通常片状剥裂，老枝红褐色。叶长圆状卵形或椭圆状卵形，长 5～10 厘米。伞房花序，边缘的不育花白色，后变淡紫色，花期 6—7 月。蒴果近卵形，长 0.3 厘米，种子两端有刺，果期 8—9 月。

生态 喜光，稍耐阴，耐寒，忌干燥，喜湿润、排水良好的土壤，生于山地阔叶林边湿润地。

分布 产我国黄河流域各省山地及辽宁凌源县。辽宁、吉林等地有栽培。

栽培 播种或扦插繁殖。

用途 观赏灌木。

11. 京山梅花（太平花） ● 虎耳草科　山梅花属

Philadelphus pekinensis Rupr.

形态　灌木，高 2 米。枝条对生，树皮栗褐色，薄片状剥落。叶卵状椭圆形，长 3~6 厘米，通常两面无毛。总状花序，具花 5~9 朵，花乳白色，具芳香，花期 6 月。果期 8—9 月。

生态　生于海拔 1500 米以下的山坡、沟谷、林下或灌丛中。喜光，稍耐阴，在潮湿的沙壤土上生长最适宜，耐寒，不耐积水。

分布　产我国北部及西部地区。北京郊区山地有野生，北方庭园常栽植。朝鲜有分布。

栽培　播种、分株或扦插繁殖。

用途　适于庭园、公园点缀之用，也可作自然式花篱或大型花坛的中心栽植材料。

12. 金叶欧洲山梅花 ● 虎耳草科 山梅花属

***Philadelphus coronarius* ‘Aureus’**

形态 灌木，树冠扩展，株高 1～3 米，冠幅 2.5 米。叶卵形，具浅锯齿，长 5～10 厘米，叶面为金黄色。花香，花径 2.5～3.5 厘米，乳白色，总状花序顶生，具花 5～7 朵，夏初开放。

生态 喜光，较耐阴，喜温暖湿润的气候，稍耐寒，适宜肥沃、排水良好的土壤。

分布 产欧洲南部及小亚细亚一带。我国大连、北京等地有栽培。

栽培 扦插繁殖。

用途 观赏灌木，适宜作绿地或花坛的边缘栽植。

13. 光萼溲疏 ● 虎耳草科 溲疏属

Deutzia glabrata Kom.

形态 灌木，高 2～3 米。小枝无毛，红褐色枝皮剥落。叶卵形或卵状椭圆形，长 4～10 厘米，叶面无毛或散生星状毛，叶背面无毛。花多数白色，组成伞房花序，花径 1.5 厘米，花期 5—6 月。果期 8 月。

生态 喜光，耐阴，耐寒。

分布 产我国东北地区及河南、山东等省。朝鲜、俄罗斯有分布。

栽培 播种或扦插繁殖。

用途 观赏灌木，可植为花篱或供境界栽植之用。

14. 李叶溲疏 ● 虎耳草科 溲疏属

Deutzia hamata Koehne

形态 灌木，高约1米。小枝红褐色，无毛。叶卵形或卵状椭圆形，长3～8厘米，叶面密生星状毛，叶背面散生星状毛。花1～3朵，花径1.5～2.5厘米，花白色，花梗密被星状毛，花期5月。果期8月。

生态 喜光，稍耐阴，耐寒，耐干旱、瘠薄。

分布 产我国辽宁、吉林、河北、山东及江苏等地。朝鲜有分布。

栽培 播种或扦插繁殖。

用途 观赏灌木，可植为花篱或供境界栽植之用。

15. 黑果腺肋花楸 ● 蔷薇科 腺肋花楸属

Aronia melanocarpa （Michx.） Elliott

形态 灌木，株高 1.5～3 米，树形小而美观。叶卵圆形，深绿色，秋季叶变红。花密集，艳丽芳香，复伞房花序。果球形，紫黑色，果径 1.4 厘米，冬季果实宿存至翌年 3 月。

生态 喜光，耐寒，耐盐碱。

分布 产美国东北部，欧洲有百余年栽培史。我国 2002 年从美国引种。北京及辽宁等地有栽培。

栽培 播种繁殖。

用途 观赏灌木。

16. 日本海棠（倭海棠） ● 蔷薇科 木瓜属

Chaenomeles japonica (Thunb.) Lindl. ex Spach

形态 灌木，高达1米。枝开展，有细刺，小枝紫红色。叶广卵形至倒卵形，长3～5厘米，缘有圆钝锯齿。花3～5朵，簇生，火焰色或亮橘红色，花期5—6月。果近球形，黄色。

生态 喜光，较耐寒，喜排水良好的土壤。

分布 产日本。我国辽宁以南地区有栽培。

栽培 播种或扦插繁殖。

用途 庭园观赏树。

17. 水栒子（栒子木） ● 蔷薇科 栒子属

Cotoneaster multiflorus Bge.

形态 灌木，高4米。枝常呈弓形弯曲。叶卵形至宽卵形，长2～5厘米。花白色，聚伞花序，具花6至多朵，花期5月。果球形红色，果期9—10月。

生态 喜光，稍耐阴，较耐寒，耐干旱、瘠薄。

分布 产我国东北南部、内蒙古、华北、西北和西南地区。沈阳、大连、北京等地有栽培。

栽培 播种繁殖。

用途 秋季红果累累，经久不凋，为优良的观花、观果树种。

18. 毛叶水栒子 ● 蔷薇科　栒子属

Cotoneaster submultiflorus Popov

形态　与水栒子颇相近，其区别在于叶背面及花序有柔毛，果实红色至深紫红色。果期较水栒子提前 10 天左右。

生态　喜光，较耐寒，耐干旱、瘠薄土壤。

分布　产我国辽宁、湖北、陕西、山西、内蒙古及西北等省区。沈阳、大连、北京等地有栽培。

栽培　播种繁殖，种子需层积沙藏两个冬季。

用途　花繁果艳，为优良的观花、观果灌木。

19. 金叶风箱果 ● 蔷薇科 风箱果属

***Physocarpus opulifolius* ‘Luteus’**

形态 灌木。单叶互生，叶三角状卵形至广卵形，3～5 浅裂，具重锯齿，春季叶片金黄色。顶生伞形花序，5 月开花，花白色。果在夏末呈红色。

生态 喜光，稍耐阴，较耐寒，喜酸性、肥沃及排水良好土壤。

分布 我国华北、华中、华东以及北京、大连、沈阳等地有栽培。

栽培 扦插繁殖。

用途 庭园观赏彩叶灌木。

20. 紫叶风箱果 ● 蔷薇科 风箱果属

***Physocarpus opulifolius* ‘Diabolo’**

形态 灌木，高达 3 米。叶三角状卵形至广卵形，春季叶绿紫色，夏至秋季叶深紫色，深秋叶变紫红色。顶生伞形总状花序，花白色，花期 6 月。蓇葖果红色。

生态 喜光，耐寒，性强健，喜生于湿润而排水良好的土壤。

分布 本品种产北美。现我国北京、辽宁、吉林等地有栽培。

栽培 扦插繁殖。

用途 庭园观赏灌木，可作彩色篱或模纹及整形树。

21. 银露梅 ● 蔷薇科 萎陵菜属

Potentilla glabra Lodd.

形态 灌木，高 1～1.5 米。羽状复叶，小叶 3～5 片，小叶长 1 厘米，叶表疏生丝状毛。花单生枝端，白色，花期 6—7 月。瘦果，果期 7—8 月。

生态 喜光，稍耐阴，较耐寒，耐干旱及贫瘠土壤，常分布于高山带。

分布 产我国陕西、甘肃、青海等省。北京、大连、沈阳等地有栽培。

栽培 播种或扦插繁殖。

用途 宜作花篱，在园路旁、亭、廊角隅可丛植。

22. 小叶金露梅 ● 蔷薇科 委陵菜属

Potentilla parviflora Fisch.

形态 小灌木，高15～80厘米。树皮片状剥落，小枝微弯曲，羽状复叶，小叶5～9片，线形或线状披针形，全缘，表面深绿色，有稀疏柔毛，背面密生灰白色丝状柔毛。花单生或数朵排列成伞房状，花黄色，花径1～1.2厘米。

生态 喜光，耐寒，耐干旱、瘠薄，常生于岩石缝中。

分布 产我国内蒙古、新疆、青海、甘肃、山西等省区，北京、大连、沈阳等地有栽培。俄罗斯、蒙古也有分布。

栽培 播种、分株、扦插繁殖。

用途 宜作花篱，路边、林缘、草地、亭廊之旁可孤植或丛植。

23. 紫叶矮樱 ● 蔷薇科 李属

Prunus cistena

形态 株形类似紫叶李，但较矮，多为灌木状。单叶互生，小叶有齿，叶紫红色，有光泽。花粉色，5瓣，淡香，花期4月下旬。

生态 喜光，稍耐阴，喜温暖、湿润的气候，较耐寒，耐干旱、瘠薄，不耐涝。

分布 法国培育的杂交种。我国北京、大连、沈阳以南等地有栽培。

栽培 以嫁接为主，也可扦插或压条繁殖，萌芽力强，耐修剪。

用途 全年叶呈紫红色，也可作彩色篱。

24. 密枝红叶李 ● 蔷薇科 李属

Prunus domestica **'Mizhi'**

形态 小乔木或灌木，从紫叶欧洲李选育出的耐寒品种。耐修剪，萌枝能力强，枝条密集，修剪后，新叶呈红色。叶椭圆形或卵形，紫红色。花浅粉红色，花期 4 月。果紫红色，果期 7—8 月。

生态 喜光，较耐寒，耐旱，喜温暖、湿润气候。

分布 我国辽宁及华北、西北等地区有栽培。

栽培 嫁接或扦插繁殖。

用途 作彩色篱或整形树。

25. 白花重瓣麦李 ● 蔷薇科 李属

***Prunus glandulosa* 'Alboplena'**

形态 灌木，高 2 米，小枝纤细。叶卵状矩圆形，长 3～8 厘米。花 1～2 朵生于叶腋，先叶开放，花白色，重瓣，径约 2 厘米，花期 4—5 月。

生态 喜光，稍耐寒，耐干旱、瘠薄及轻碱土。

分布 产我国华北、华东、华中及西北等地区。沈阳以南地区有栽培。

栽培 扦插或分株繁殖。

用途 宜群植作花径、花篱，可孤植或丛植，也可盆栽观赏。

26. 粉花重瓣麦李 ● 蔷薇科 李属

***Prunus glandulosa* ‘Sinensis’**

花为粉红色重瓣。其他同白花重瓣麦李。

27. 菊花桃 ● 蔷薇科 李属

***Prunus persica* 'Stellata'**

树势中等，小枝细长而柔弱，节间较长。叶边缘略卷。花鲜桃红色，花瓣细而多，呈不规则扭曲，重瓣，菊花形，花期4月下旬。果实绿色，尖圆形。喜光，较耐寒。北京及辽宁等地有栽培。

28. 美人梅 ● 蔷薇科 李属

***Prunus mume* 'Meirenmei'**

形态 灌木，树枝淡绿晕紫。叶鲜紫红色。花猩红色，重瓣，花柄长而下垂，有“垂丝美人”之称，花期4—5月。果红色，味酸甜。

生态 喜光，喜温暖气候，稍耐寒，耐干旱、瘠薄，怕涝，对土壤要求不严。

分布 我国河北及北京、沈阳以南等地有栽培。

栽培 嫁接、扦插繁殖。

用途 观花、观叶树种，可用于盆栽，培养梅花盆景。

29. 垂枝毛樱桃 ● 蔷薇科 李属

***Prunus tomentosa* 'Pendula'**

灌木。枝条下垂，其他同毛樱桃。我国辽宁南部等地有栽培。

30. 白果毛樱桃 ● 蔷薇科 李属

***Prunus tomentosa* 'Leucocarpa'**

灌木。果较大而发白。其他同毛樱桃。辽宁熊岳等地有栽培。

31. 黄蔷薇 ● 蔷薇科 蔷薇属

Rosa hugonis Hemsl.

形态 灌木，高 2.5 米。有刺和刺毛。羽状复叶，小叶 9～11 片，长圆形或倒卵形，花淡黄色，单瓣，花期 5 月。果实暗红色，果期 6—7 月。

生态 喜光，耐旱，喜排水良好的沙壤土。

分布 产我国山东、山西、陕西、甘肃、四川、青海等省。华北及辽宁等地有栽培。

栽培 播种、扦插繁殖。

用途 可植于庭前、宅旁、林缘、坡地、假山石旁或配置于亭廊，也常应用于篱栅或墙垣种植。

32. 冷香玫瑰 ● 蔷薇科 蔷薇属

***Rosa rugosa* 'Lengxiang'**

灌木。花粉色，较大，花期较长，为6—10月，10月下旬仍能见到花，花味清香，花可食用，抗病虫害能力较强。每当花开过后及时修剪残花，15~20天后又可二次开花。其他同原种。

33. 蔓性蔷薇 ● 蔷薇科 蔷薇属

Rosa cultivars （*Climbing Rose*）

形态 我国原产的“七姐妹”蔷薇、光叶蔷薇、巨花蔷薇、刚毛蔷薇及杂种香水月季的攀援性芽变品种等杂交而成。枝条长，蔓性或攀援。花型丰富、四季开花不断，花色艳丽，花色有朱红、大红、鲜红、粉红、金黄、橙黄、复色、洁白等；花型有杯状、球状、盘状、高芯等。

生态 喜光，较耐寒，喜肥，喜土壤排水良好。

分布 我国北京、大连等地区常见栽培。

栽培 扦插繁殖。

用途 园林中多将之攀附于各式通风良好的架、廊之上，可形成花球、花柱、花墙、花海、拱门形、走廊形等景观。

34. 俄罗斯大果蔷薇 ● 蔷薇科　蔷薇属

Rosa albertii **Reg.**

形态　灌木。高 1～3 米。小枝无刺或基部有直刺，冬季枝条红色。奇数羽状复叶，叶椭圆形。花粉红色，花期 6 月。果椭圆形，全年红色，果期 8—9 月，果宿存经冬不落。

生态　喜光，稍耐阴，耐寒，耐盐碱。

分布　产俄罗斯。我国北京及辽宁、吉林等地有栽培。

栽培　播种或扦插繁殖。

用途　观赏灌木。

35. 金叶悬钩子（金叶红莓） ● 蔷薇科 悬钩子属

***Rubus idaeus* ‘Jinyehongmei’**

形态 蔓性灌木。枝上有小刺，一年生枝为营养枝，当年不结果，两年生枝为结果枝，当年结果，结果后自然死亡。叶片金黄色。花白色，花期6月。果7月成熟。

生态 喜光，耐寒，耐干旱。

分布 本种为沈阳农业大学园艺学院培育的新品种。

栽培 扦插繁殖。

用途 作庭园观赏果树及彩叶树种栽培。

36. 齿叶白娟梅（榆叶白娟梅） ● 蔷薇科　白娟梅属

Exochorda serratifolia S.L.Moore

形态　灌木，高 2 米。叶片椭圆形或长圆状倒卵形，长 5~8 厘米，叶缘中部以上有锯齿，下部全缘。花白色，总状花序，花期 6 月。蒴果倒圆锥形或倒卵形，具 5 棱，果期 9月。

生态　喜光，耐寒，较耐干旱，常生于山坡、河边、灌木丛中。

分布　产我国辽宁千山、闾山及河北雾灵山等地。长春、沈阳、大连等地有栽培。

栽培　播种、扦插繁殖。

用途　宜植于草坪、林缘、路旁或与山石相配。

37. 灰毛紫穗槐 ● 豆科 紫穗槐属

Amorpha canescens Pursh.

形态 灌木，高 1.5 米。小叶长 2 厘米，密被灰绒毛。花穗长 15 厘米，夏季开花，花紫色。

生态 喜光，稍耐阴，较耐寒，耐干旱、瘠薄，较耐水湿。

分布 产美国。我国北京等地有栽培。

栽培 播种或扦插繁殖。

用途 观赏灌木。

38. 花木蓝 ● 豆科 木蓝属

Indigofera kirilowii Maxim. ex Palibin

形态 小灌木，高 0.6～1 米。一年生枝淡绿色或绿褐色。奇数羽状复叶，互生，小叶 7～11 片，宽卵形、椭圆形或菱状卵形，复叶长 8～16 厘米。总状花序腋生，长 5～14厘米，花蝶形，淡紫红色，花期 5—6 月。荚果线状圆柱形，果期 8—9 月。

生态 喜光，耐寒，较耐阴，耐干旱，耐瘠薄，生于干燥向阳山坡、山脚或岩缝间。

分布 产我国东北、华北、华东地区。朝鲜、日本也有分布。

栽培 播种及分根繁殖。

用途 可用于丛植或栽植林缘及作花篱，也可作地被植物。

39. 胡枝子 ● 豆科 胡枝子属

Lespedeza bicolor **Turcz.**

形态 灌木，高 1～3 米。分枝细长而多，常拱垂。3 出复叶，互生，小叶长 1.5～6 厘米。总状花序腋生，长 3～10 厘米，花冠红紫色，花期 7—9 月。荚果歪倒卵形，果期 9—10 月。

生态 喜光，稍耐阴，耐干旱、瘠薄，耐寒。

分布 产我国东北、华北、西北及内蒙古地区。朝鲜、日本、俄罗斯有分布。

栽培 播种、分根繁殖，根系发达，萌芽性强，速生。

用途 秋季观花树种，可植于自然式园林中供观赏，也可作水土保持或改良土壤树种，又是北方防护林主要灌木树种。

40. 八角枫（瓜木） ● 八角枫科 八角枫属

Alangium platanifolium （Sieb.et Zucc.） Harms

形态 灌木或小乔木。叶近圆形，长 11～18 厘米，全缘或 3～7 浅裂。腋生聚伞花序，具花 3～7 朵，花黄白色，花期 5—7 月。核果卵形，熟时黑色，果期 9—10 月。

生态 较耐阴，耐寒，喜湿润土壤。生于海拔 1800 米以下山地疏林、溪边、林缘。

分布 产我国东北南部、华北、西北及长江流域。朝鲜、日本有分布。

栽培 播种繁殖。

用途 叶、花、果均可观赏，宜在较阴处栽植。

41. 金叶红瑞木 ● 山茱萸科 梾木属

***Cornus alba* ‘Aurea’**

叶片金黄色，明亮醒目。我国辽宁、北京等地有栽培。其他同原种。

42. 主教红瑞木 ● 山茱萸科 梾木属

***Cornus sericea* ‘Cardinal’**

冬季枝条鲜红色或深红色，色彩鲜艳，直立性强，宜作冬季观赏彩篱。我国北京、辽宁等地有栽培。

43. 金枝梾木 ● 山茱萸科　梾木属

***Cornus stolonifera* 'Glaviamea'**

形态　灌木。冬春枝条金黄色，夏秋黄绿色。单叶互生，全缘。花白色，花期 5 月。核果白色，果期 8 月。

生态　喜光，稍耐阴，较耐寒。

分布　我国北京、大连、沈阳等地有栽培。

栽培　播种或扦插繁殖。

用途　观赏灌木。

44. 迎红杜鹃 ● 杜鹃花科 杜鹃花属

Rhododendron mucronulatum Turcz.

形态 灌木，高 2 米，多分枝。叶纸质，互生，叶片长椭圆状披针形至椭圆形，长 3～8 厘米。花 1～3 朵顶生于上年枝端，先叶开放；花冠漏斗状，淡紫红色，径 3～4 厘米；花期 4 月中旬至 5 月。蒴果圆柱形，果期 6—7 月。

生态 喜光，稍耐阴，耐寒，喜微酸性土壤。

分布 产我国吉林南部、辽宁、河北、山东及江苏等地区。朝鲜、俄罗斯有分布。

栽培 播种、扦插、分株繁殖。

用途 早春花先叶开放，艳丽，可与连翘、珍珠花相配置，呈现出红、黄、白相间的景观。秋季叶变橙黄、红等色，观赏价值极高。

45. 大字杜鹃 ● 杜鹃花科 杜鹃花属

Rhododendron schlippenbachi Maxim.

形态 灌木，高1~2米。叶5片生于枝顶，叶片纸质，倒卵形，长5~9厘米，全缘。伞房花序，先叶或与叶同时开放；花冠大，广卵形，径5~8厘米，粉红色，稀近白色，里面有红紫色斑点；花期5月。蒴果卵形，果期7月。

生态 喜光，耐寒。喜酸性土壤。

分布 产我国辽宁省。俄罗斯、朝鲜有分布。

栽培 播种、分株繁殖。

用途 庭园观赏灌木，丛植或孤植。

46. 淀川杜鹃 ● 杜鹃花科 杜鹃花属

Rhododendron yedoense Maxim.

形态 灌木，高 1～2 米。花重瓣，淡紫色，花冠喉部有深紫红色斑点，花径 6～7 厘米，花 20 余瓣。

生态 喜光，较耐寒。喜湿润气候及酸性土壤。

分布 产朝鲜。我国丹东、北京、沈阳等地有栽培。

栽培 扦插繁殖。

用途 庭园观赏灌木。

47. 红枫杜鹃 ● 杜鹃花科 杜鹃花属

***Rhododendron hybride* ‘Hongfeng’**

形态 灌木。株型紧凑。夏季叶色翠绿，秋季叶色变红或橙红。花有橙红、粉、橘黄等色，花期4月末至6月。

生态 喜光，稍耐阴，较耐寒，耐旱，稍耐盐碱。

分布 本品种近年在辽宁省丹东市育成。北京、大连、沈阳等地有栽培。

栽培 扦插或嫁接繁殖。

用途 庭园观赏树。

48. 杂种杜鹃 ● 杜鹃花科 杜鹃花属

Rhododendron hybride

形态 灌木，高 1～1.5 米。株型紧凑。花紫红色，花期 5—6 月。

生态 喜光，稍耐阴，较耐寒。

分布 本品种在辽宁丹东育成。现北京、沈阳等地有栽培。

栽培 扦插繁殖。

用途 庭园观赏树。

49. 蓝莓 ● 杜鹃花科 越橘属

Vaccinium uliginosum **'Bluecrop'**

形态 小灌木，株高 0.3～1.5 米。叶互生，倒卵状椭圆形，长 1～2.5 厘米，全缘。花着生上年枝顶，花绿白色，花期 6 月。浆果近球形，成熟时黑紫色，被白粉，果 7 月末成熟，果肉细腻，甜酸适度，具香气。

生态 喜光，耐寒，喜空气湿润，喜酸性土壤。

分布 产美国。我国辽宁、吉林等地有栽培。

栽培 播种、扦插繁殖。

用途 观赏果树。既可生食，又可加工成饮料。

50. 金叶连翘 ● 木犀科 连翘属

***Forsythia koreana* ‘Sun Gold’**

形态 灌木，丛生。单叶对生，叶片卵形或卵状椭圆形，小叶金黄色有光泽。在全光照条件下，从春至秋整株叶片均可保持金黄色，在半阴或全阴条件下，叶片很快变为黄绿色或绿色。花于叶前开放，花期 4 月。

生态 喜半阴，稍耐寒，耐干旱、瘠薄。

分布 我国北京、大连有栽培。

栽培 扦插繁殖，若栽植于全光下，叶片很快恢复为黄色，但早期光线过强会引起焦叶。

用途 优良观花、观叶灌木。

51. 金叶水蜡 ● 木犀科　女贞属

***Ligustrum obtusifolium* 'Jinye'**

叶金黄色。侧枝生长势强，生长速度较水蜡稍慢。其他同原种。我国辽宁、华北等地有栽培。

52. 紫叶水蜡 ● 木犀科 女贞属

Ligustrum obtusifolium **'Atropurpureum'**

形态 灌木。嫩枝黑绿色。叶片绿紫色，幼叶呈紫色，秋季全株紫红色。

生态 喜光，较耐阴，耐寒，耐旱，耐涝，喜肥沃沙壤土，抗病力强。

分布 本品种近年在长春选育成功，现长春及辽宁等地有栽培。

栽培 扦插繁殖。

用途 作色叶树篱、整形树及模纹色块栽植等。

53. 红丁香 ● 木犀科 丁香属

Syringa villosa Vahl.

形态 灌木，高 3 米。叶宽椭圆形至长椭圆形，长 5～18 厘米，表面暗绿色，较皱。圆锥花序顶生，长可达 25 厘米，花紫红色至白色，花冠筒长约 1.2 厘米，花期 5—6 月。蒴果圆柱形，平滑，果期 8—9 月。

生态 喜光，稍耐阴，耐寒，耐旱，喜冷凉湿润气候。

分布 产我国辽宁、河北、山西、陕西及西北地区。朝鲜有分布。

栽培 播种繁殖。

用途 枝叶繁茂，花美而香，宜孤植、丛植或群植。

54. 辽东丁香 ● 木犀科 丁香属

Syringa wolfi Schneid.

形态 灌木，高3～5米。叶较大，椭圆形、长圆形或卵状长圆形，长10～16厘米，叶缘及背面有毛，网脉下凹，叶面较皱，全缘。圆锥花序顶生，长达25厘米，花冠蓝紫色，芳香，花期6月。蒴果表面平滑，果期9月。

生态 喜光，耐半阴，耐寒，耐干旱，喜湿润、排水良好的土壤。

分布 产我国辽宁、吉林、内蒙古、河北、山西等省区。朝鲜有分布。

栽培 播种繁殖。

用途 庭园观赏树。

55. 金叶欧丁香 ● 木犀科 丁香属

***Syringa vulgaris* 'Jinye'**

形态 灌木，小枝较粗壮。叶长大于宽，基部多为广楔形至截形，质地较厚。幼叶金黄色，后渐变为黄绿色。

生态 喜光，稍耐阴，耐寒，耐旱。

分布 本品种近年在沈阳选育出来。

栽培 扦插繁殖。

用途 色叶观赏灌木。

56. 金叶小叶丁香 ● 木犀科 丁香属

Syringa pubescens ssp. ***microphylla* 'Jinye'**

形态 灌木，高1～1.5米。叶卵圆形，幼叶两面有毛，老叶仅背脉有毛或近无毛。幼叶金黄色，成熟叶绿黄色。花淡紫或粉红色，花期5月及9月。

生态 喜光，稍耐阴，耐寒，耐旱。

分布 本品种近年在长春选育出来。

栽培 扦插繁殖。

用途 色叶观赏灌木。

57. 什锦丁香 ● 木犀科 丁香属

Syringa chinensis Willd.

形态 灌木，高 2～3 米。叶卵状披针形，长 5～7 厘米。圆锥花序大而松散，长 8～15 厘米，花香，淡紫色或粉红色，花冠筒细长，花期 5 月。

生态 喜光，耐寒，耐干旱、瘠薄，喜温暖、湿润气候，忌水涝。

分布 本种是波斯丁香与欧丁香杂交种（***S.persica × S.vulgaris***），西欧、南欧及俄罗斯有栽培。我国北京、辽宁、吉林、黑龙江等地也有栽培。

栽培 扦插繁殖。本种尚有白花、红花、重瓣等园艺变种。

用途 观赏灌木。

58. 互叶醉鱼草（醉鱼木） ● 马钱科 醉鱼草属

Buddleja alternifolia Maxim.

形态 灌木，高 1～2 米。小枝开展，呈拱垂状。叶互生，线状披针形，长 3～7 厘米。聚伞圆锥花序球形或长圆形，花冠紫色或淡蓝色，芳香，花期 6 月。

生态 喜光，喜温暖、湿润气候及排水良好的土壤。耐旱，较耐寒。

分布 产我国内蒙古、山西、陕西、甘肃、宁夏、青海等省区。华北及沈阳、北京等地有栽培。

栽培 播种、扦插繁殖。

用途 花色美丽，群植或片植于庭园，不可栽于鱼塘旁。

59. 荆条 ● 马鞭草科 牡荆属

Vitex negundo var. ***heterophylla*** (Franch.) Rehd.

形态 灌木，高2～3米。小枝四棱形。掌状复叶，具5小叶，稀具3叶，中间小叶最大，小叶片长圆状披针形至披针形，小叶边缘有缺刻状羽状裂。聚伞花序顶生，长10～27厘米，花冠淡紫色，花期6—8月。核果近球形，果期9—10月。

生态 喜光，耐寒，耐干旱，耐瘠薄，适应性强，在肥沃、湿润土壤上生长旺盛。萌芽力极强。

分布 产我国辽宁西部、南部及华北、华东、西南等地区，沈阳有栽培。日本有分布。

栽培 播种、分株繁殖，花后修剪花枝，促使多发枝丛。

用途 观赏灌木，可孤植或丛植于庭园，也可为树桩盆景材料。

60. 海州常山 ● 马鞭草科 赪桐属

Clerodendrum trichotomum Thunb.

形态 灌木或小乔木，高 3～8 米。单叶对生，有异味，叶广卵形或三角状卵形，长 5～16 厘米。聚伞花序顶生或腋生，花萼紫红色，花冠白色或带粉红色，花期 8—9 月。核果熟时蓝紫色，果期 10 月。

生态 喜光，稍耐阴，较耐寒，喜湿润、肥沃土壤，耐干旱，也耐湿。

分布 产我国辽宁南部及华北、华东、中南及西南等地区。日本、朝鲜、菲律宾有分布。

栽培 播种、扦插繁殖。

用途 观赏灌木。

61. 百里香 ● 唇形科 百里香属

Thymus mongolicus Ronn.

形态 半灌木，丛生，直立或匍匐。叶密生，卵状长圆形或长圆状披针形，长 0.7～1.3 厘米，全缘。聚伞花序，花冠粉红色，花期 6—9 月。小坚果黑色，果期 8—9 月。

生态 喜光，耐寒，耐干旱、瘠薄，忌水涝。

分布 产我国辽宁、河北、山东、河南、山西等省。

栽培 播种、压条、扦插繁殖，宜选地势高而又平坦之地栽植。

用途 自然下种繁殖力强，是理想的地被和岩石园植物。

62. 猥实 ● 忍冬科 猥实属

Kolkwitzia amabilis Graebn.

形态 灌木，高 3 米。干皮薄片状剥裂。叶椭圆形至卵状椭圆形，长 3～7 厘米，全缘。伞房状聚伞花序，花冠淡红色，内面具黄色斑纹，花期 5—6 月。果实密被黄色刺刚毛，果期 8—9 月。

生态 喜光，喜排水良好的肥沃土壤，稍耐干旱、瘠薄，较耐寒。

分布 我国特有树种，产山西、陕西、甘肃、河南、湖北、四川等省。沈阳、北京等地有栽培。

栽培 播种或扦插繁殖。

用途 观花、观果灌木。

63. 蓝叶忍冬 ● 忍冬科 忍冬属

Lonicera korolkowii Stapf.

形态 灌木，高 2～3 米，树形向上，紧密。单叶对生，叶卵形或椭圆形，全缘，蓝绿色。花粉红色，花期 4—5 月。浆果亮红色，果期 9—10 月。

生态 喜光，稍耐阴，耐寒，适应性强。

分布 产土耳其。我国北京、沈阳、长春等地有栽培。

栽培 播种或扦插繁殖。

用途 叶、花、果供观赏，为优良花灌木，耐修剪，也可作绿篱。

64. 金叶接骨木 ● 忍冬科 接骨木属

***Sambucus canadensis* ‘Aurea’**

形态 灌木，高 1.5～3 米。树形开展，长枝呈拱形。小叶 5～7 片，初生叶金黄色，成熟叶黄绿色。复聚伞花序顶生，花白色，5—6 月开花。

生态 喜光，稍耐阴，耐寒，耐干旱、瘠薄。

分布 我国华北及东北等地有栽培。

栽培 扦插繁殖，光照充足则叶色更鲜亮。

用途 庭园观赏彩叶树种。

65. 金叶裂叶接骨木 ● 忍冬科 接骨木属

Sambucus racemosa **'Plumosa Aurea'**

形态 灌木或小乔木，高 3～6 米。树皮暗灰。奇数羽状复叶，小叶 5～7 片，椭圆形至卵状披针形，叶色金黄，初生叶橙红色。圆锥花序，花小，白色至淡黄色，花期 4—5 月。核果近球形，红色或蓝紫色。

生态 喜光，耐旱，较耐寒，对土壤要求不严。

分布 我国北京、大连、沈阳等地有栽培。

栽培 扦插、分株繁殖。

用途 枝叶茂密，花、果、叶均具有较高的观赏价值。

66. 欧洲荚蒾（欧洲绣球）

● 忍冬科　荚蒾属

Viburnum opulus L.

形态　灌木，高 4 米。枝浅灰色，光滑。叶近圆形，长 5～12 厘米，3 裂，有时 5 裂，裂片有不规则粗齿。聚伞花序，稍扁平，有大型不孕边花，花药黄色，花期 5—6 月。果近球形，红色，果期 8—9 月。

生态　喜光，稍耐阴，较耐寒，喜湿润肥沃土壤。

分布　产欧洲、北非及亚洲北部。我国新疆有分布，青岛、北京、沈阳等地有栽培。

栽培　播种或扦插繁殖。

用途　庭园观赏树。

67. 蝴蝶绣球（日本绣球）

● 忍冬科 荚蒾属

Viburnum plicatum Thunb.

形态 灌木，高约3米。叶卵形至倒卵形，有锯齿，表面羽状脉甚凹下，背面疏生星状毛及绒毛。聚伞花序组成伞状复花序，全为大型白色不育花组成绣球形，径6～10厘米。4—5月开花。

生态 喜光，稍耐阴，较耐寒。

分布 产我国及日本。我国长江流域各地常栽培，北京、大连等地也有栽培。

栽培 扦插繁殖。

用途 观赏灌木。

68. 日本锦带花（杨栌） ● 忍冬科 锦带花属

Weigela japonica Thunb.

形态 灌木，高 3 米。叶对生，叶片长椭圆形、倒卵状椭圆形，长 5～10 厘米，边缘具细锯齿。聚伞花序生于侧生短枝的叶腋，具花 3 朵，花冠漏斗形，淡红色，花期 5—6 月。蒴果柱状，果期 9—10 月。

生态 喜光，耐寒，耐瘠薄，但以深厚、肥沃土壤生长良好。

分布 产日本。我国辽宁、北京等地有栽培。

栽培 播种或扦插繁殖。

用途 庭园观赏树种，可孤植或丛植于草地、庭院。

69. 金叶锦带 ● 忍冬科　锦带花属

***Weigela florida* ‘Aurea’**

形态　灌木，高 1～3 米。叶椭圆形及倒卵形或卵状长圆形。新叶金黄色，成熟叶黄绿色。花冠玫瑰红色，内面苍白色，花期 5—6 月。

生态　喜光，耐寒，耐干旱、瘠薄，忌水涝。

分布　我国辽宁及北京等地有栽培。

栽培　扦插繁殖。

用途　庭园观赏树。

70. 紫叶锦带 ● 忍冬科 锦带花属

***Weigela florida* 'Purpurea'**

新叶褐紫色，老叶紫绿色。花紫粉色。我国华北及辽宁有栽培。其他同原种。

索　引

B

八角枫（瓜木）/171
白果毛樱桃 /161
白果桑树 /44
白花重瓣麦李 /157
白牛槭 /106
百里香 /191
暴马丁香 /128
‘北京黄’丁香（黄丁香）/129
北美乔松（美国五针松、美国白松）/7
北美香柏(香柏、美国侧柏、金钟柏)/13
比利时馒头柳 /24

C

彩叶杞柳 /134
茶条槭（三角枫）/103
齿叶白娟梅（榆叶白娟梅）/167
翅卫矛 /92
串枝红杏 /63
垂杨 /20
垂枝海棠 /57
垂枝桦（欧洲白桦）/27
垂枝毛樱桃 /161
粗榧（粗榧杉、中国粗榧）/2

D

大花铁线莲 /137
大叶垂榆 /36
大叶朴 /34
大叶铁线莲 /138
大字杜鹃 /175
灯台树 /120
淀川杜鹃 /176
东陵八仙花 /142
豆梨 /78
短翅卫矛 /91

E

俄罗斯大果蔷薇 /165

俄罗斯红叶李 /70
俄罗斯山楂 /50

F

粉柏（翠柏）/12
粉花山里红 /52
粉花重瓣麦李 /158
复叶槭‘火烈鸟’/95
复叶槭‘金花叶’/96
复叶槭‘银花叶’/97

G

孤山杏梅（大杏梅）/64
光萼溲疏 /145
光叶榉 /42

H

海州常山 /190
寒梅 /68
黑果腺肋花楸 /147
红丁香 /183
红枫杜鹃 /177
红花山楂‘桃红’/51
红肉苹果 /58
红叶白蜡 /127
红叶赤果 /72
红叶椿 /86
红叶李（紫叶李）/69
红叶柳（红心柳、红叶腺柳）/22
红叶榆 /37
红叶皂角 /80
胡枝子 /170
湖北海棠（平易甜茶）/56
槲树 /28
蝴蝶槐（五叶槐）/85
蝴蝶绣球（日本绣球）/197
互叶醉鱼草（醉鱼木）/188
花楷槭 /108
花蓼（山荞麦）/136
花木蓝 /169
花楸 /76
黄金树 /132
黄蔷薇 /162
黄梢沙地柏 /10
黄榆（大果榆）/41

黄玉兰 /46
灰毛紫穗槐 /168

J

假色槭（九角枫）/104
金边紫叶小檗 /139
金钱松 /17
金叶白蜡 /126
金叶朝鲜黄杨 /15
金叶垂榆 /39
金叶刺槐 /82
金叶椴 /114
金叶风箱果 /151
金叶复叶槭 /94
金叶红瑞木 /172
金叶槐 /84
金叶黄栌 /89
金叶桧 /8
金叶接骨木 /194
金叶锦带 /199
金叶连翘 /180
金叶裂叶接骨木 /195
金叶龙爪槐 /86
金叶美国梓树 /130
金叶欧丁香 /185
金叶欧洲山梅花 /144
金叶水蜡 /181
金叶桃叶卫矛 /90
金叶小檗 /139
金叶小叶丁香 /186
金叶小叶杨 /18
金叶悬钩子（金叶红莓）/166
金叶榆（中华金叶榆）/38
金叶元宝槭 /101
金叶皂角 /81
金枝槐 /84
金枝梾木 /173
金枝龙爪柳（怪柳）/23
京山梅花（太平花）/143
荆条 /189
菊花桃 /159
君迁子 /122

K

糠椴 /116

L

蓝粉云杉（绿粉云杉）/4
蓝莓 /179
蓝梢沙地柏 /11
蓝叶忍冬 /193
冷香玫瑰 /163
李叶溲疏 /146
辽东丁香 /184
辽东栎 /30
辽梅杏 /66
裂叶火炬树 /89
裂叶榆 /40
龙爪桑 /43

M

麻栎 /29
蔓性蔷薇 /164
毛叶水栒子 /150
美国红栌 /88
美人梅 /160
美洲椴 /115
蒙椴 /118
蒙古栎 /31
密枝红叶李 /156

N

拧筋槭（三花槭）/105
挪威槭 /98
挪威槭‘红国王’/99

O

欧亚花楸 /75
欧洲大叶椴 /112
欧洲花楸 /74
欧洲荚蒾（欧洲绣球）/196
欧洲小叶椴（心叶椴）/113

Q

千头椿（圆头椿）/87
乔木柽柳 /119
乔松 /6
青楷槭 /107

全红杨 /19

R

日本海棠（倭海棠）/148
日本厚朴 /49
日本锦带花（杨栌）/198
日本冷杉 /5
日本七叶树 /110

S

色木槭（五角枫）/102
沙地云杉 /3
山桃稠李 /61
陕梅杏 /65
什锦丁香 /187
柿树 /123
水冬瓜赤阳 /26
水栒子（栒子木）/149
水榆花楸 /73
四照花 /121
宋春梅 /67
酸樱桃（欧洲酸樱桃）/59

W

万峰桧 /9
猥实 /192
‘舞美’海棠 /55

X

西伯利亚花楸 /77
夏橡（英国栎）/32
腺柳（河柳）/21
香花槐 /83
小楷槭 /109
小叶黄杨 /14
小叶金露梅 /154
小叶朴 /33
星玉兰 /48

Y

‘亚力红果’海棠 /54
‘亚斯特’海棠 /53
洋白蜡 /125
银露梅 /153
迎红杜鹃 /174

玉兰 /45

玉玲花 /124

元宝槭（五角枫）/100

圆冠榆 /35

圆锥绣球‘粉眼’/141

岳寒红叶李 /71

Z

杂种杜鹃 /178

重瓣山樱桃 /60

竹柳 /25

主教红瑞木 /172

紫斑牡丹 /140

紫椴 /117

紫花文冠果 /111

紫叶矮樱 /155

紫叶稠李（加拿大红樱）/62

紫叶风箱果 /152

紫叶合欢 /79

紫叶锦带 /200

紫叶美国梓树 /131

紫叶水蜡 /182

紫叶榛 /135

紫玉兰（木兰、木笔）/47

自由人槭‘秋火焰’(美国红枫)/93

参考文献

[1] 中国科学院植物研究所. 新编拉汉英植物名称[M]. 北京：航空工业出版社，1996.

[2] 陈有民. 园林树木学[M]. 北京：中国林业出版社，1998.

[3] 傅沛云. 东北植物检索表[M]. 北京：科学出版社，1995.

[4] 郑方钧. 中国树木学[M]. 北京：科学出版社，1983.

[5] 李作文. 汤天鹏. 中国园林树木[M]. 沈阳：辽宁科学技术出版社，2008.

[6] 张天麟. 园林树木 1600 种[M]. 北京：中国建筑工业出版社，2010.

[7] Staff of the L.H.Bailey Hortorium. Hortus Third[M]. New York：Barnes & Noble Books，2000.